DEDICATORIA

Muchos de los personajes de estas historias existen o existieron. En particular tengo el gusto de haber conocido a muchos de ellos. Es a estos amigos y colegas a quienes les dedico estas historias con respeto y admiración, especialmente a aquellos que ya no se encuentran entre nosotros.

Jorge Alberto López Gallardo
Paso del Norte
Agosto, 2018.

Contents

- DEDICATORIA 3
- EL MOLCAJETE 5
- ASTRONOMÍA 8
- ASTRONOMÍA DE POSICIÓN 15
- CIENCIA DEL ESPACIO 20
- ROSWELL 35
- FÍSICA TEÓRICA Y EXPERIMENTAL 42
- CIENCIA DEL AMBIENTE 58
- SATURNISMO CARIDEO 78
- RADIACTIVIDAD 82
- LA UNIVERSIDAD DEL PASO DEL NORTE 94
- LA SANTA FE 104
- EPÍLOGO 123
- SOBRE EL AUTOR 132

La ciencia en El Paso del Norte

Historias ficticias de hechos reales

Jorge Alberto López Gallardo

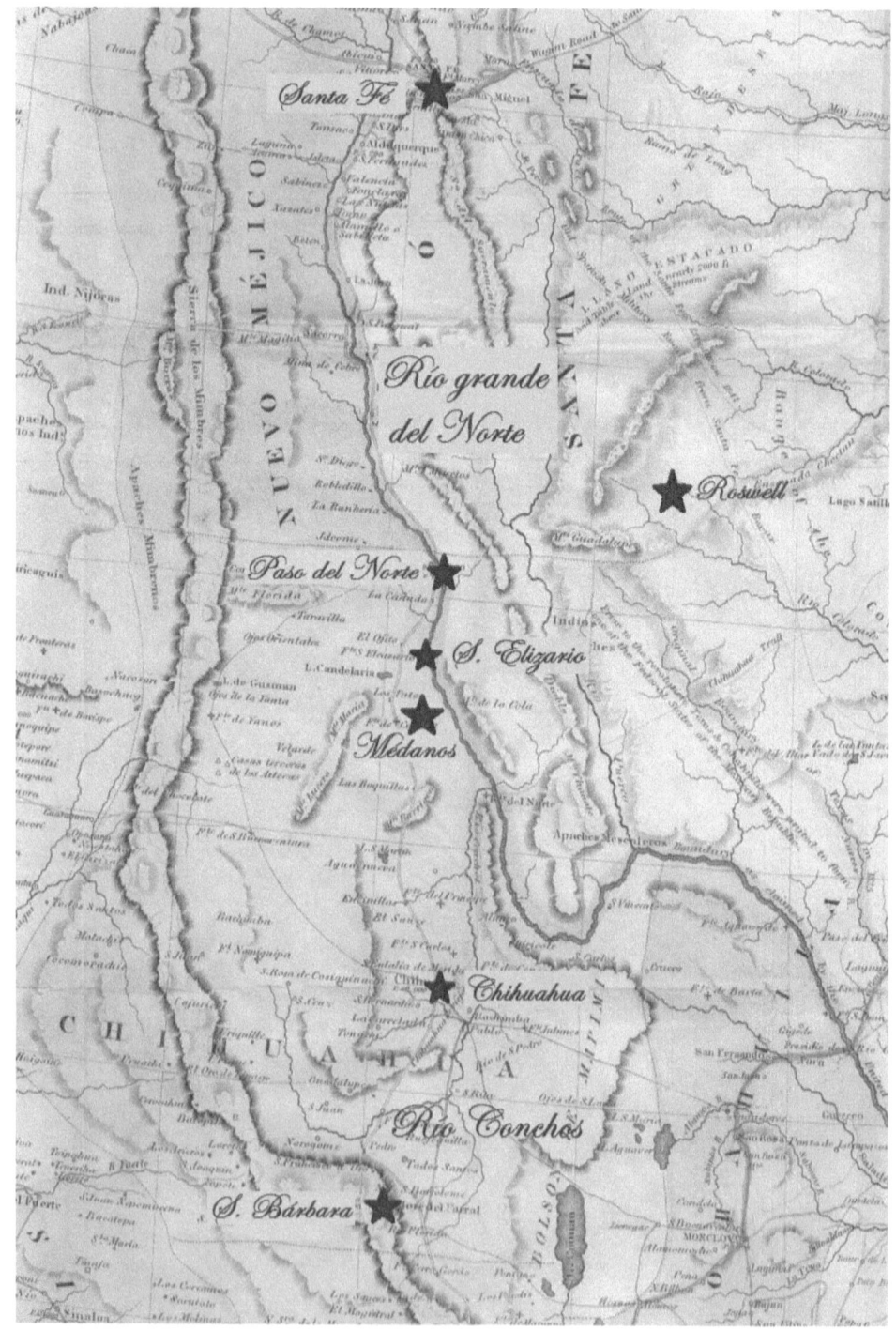

EL MOLCAJETE

La ciencia, más que nada, es una manera de pensar. Al ponerse en acción, el ciclo dialéctico nos trae resultados sorprendentes: solución de problemas, conocimientos y una mejor vida. Bueno, casi siempre, porque hay un lugar donde, a veces, esto no sucede.

Es un lugar mágico y misterioso donde la vida decidió que se mezclaran culturas. El Paso del Norte fue destinado a ser el crisol donde se fundirían las razas formando una nueva aleación: la del hombre universal. Pero mientras ese momento llega, lo único que se ha logrado producir es una civilización muy particular donde las ideas se suman incoherentemente y terminan empujando y jalando en todas direcciones.

El crisol del futuro, por ahora, pareciera que tan solo ha llegado a ser un simple molcajete. Y es que el espíritu humano es menos maleable de lo que se pudiera suponer. Porque, a diferencia de lo que sucedió en los Estados Unidos, donde puñados de individuos de muchas culturas se fusionaron en una común, en el desierto del norte de México se han enfrentado culturas enteras sin lograr esos resultados. Cuando se encuentran dos maneras de pensar, ambas tratando de sobrevivir, la falta de entendimiento mutuo detiene su amalgamación y produce una capirotada de ideas que, para un observador externo, aparecen sin lógica y parecen inspiradas por filosofías surrealistas.

¿Cómo explicarle a los indios Tano del siglo XVI, por ejemplo, la razón por la que los españoles veían a las estrellas con insistencia? ¿O cómo hacerle entender a un neoyorquino que hoy en día hay mexicanos en el desierto que comen tierra? Igual de difícil es explicarle a un norteño que hacer en caso de encontrarse un tanque de combustible espacial. Quizás sea nada más cuestión de percepción, pero como verán en los siguientes relatos, en El Paso del Norte pasan cosas muy extrañas con los avances científicos.

Tal vez el uso de la ciencia requiera de mayor perseverancia de la que los inquietos habitantes de esa región —con su mezcla de ideologías, primero india y española y luego mexicana y anglosajona— jamás hayan tenido. No hay historia escrita que indique si los humanos, mansos y todos esos primeros pobladores del área tuvieron problemas con la ciencia, pero sí se sabe que los primeros españoles que pasaron por ahí ya se las vieron negras por culpa de la astronomía. Sus aventuras al llegar a El Paso del Norte son un buen ejemplo de lo irónico que resulta el uso de la ciencia en esa región. Y también da pie para empezar estas narraciones.

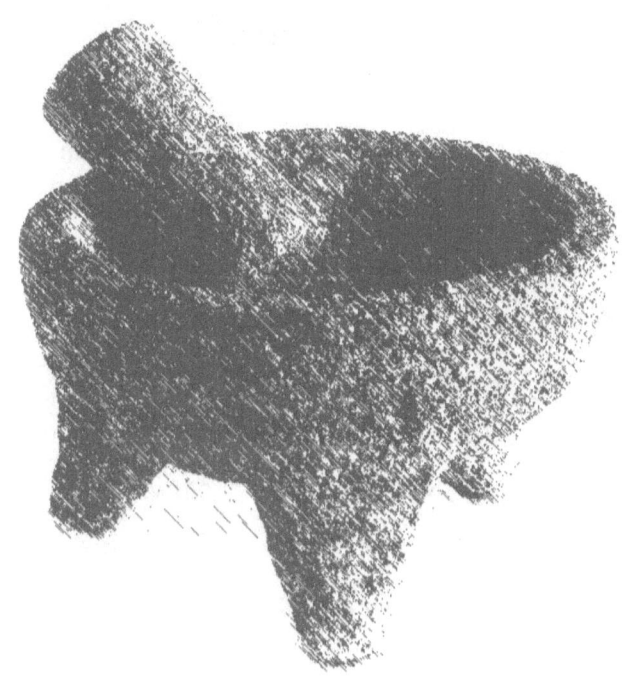

ASTRONOMÍA

Era el año 1579, la pequeña comunidad minera de Santa Bárbara, se conmocionaba por las noticias. Apenas fundada veintidós años atrás, Santa Bárbara no lograba aumentar su paupérrima producción de plata por la falta de obreros. Siendo en aquel entonces la frontera norte del virreinato de la Nueva España, era fácil que las leyes se violaran y que los indios del valle del Río Conchos se convirtieran en mineros forzados. Las declaraciones de uno de esos indios estaba causando admiración a las escasas treinta familias ahí avecindadas.

Hablaba de un río grande que venía del norte. Un río que bajaba de las montañas dando vida a pueblos esparcidos por cientos de leguas. Los que ahí habitaban eran gente que sembraba, no peleaban y no abandonaban sus pueblos por perseguir a los búfalos. Los de ahí no se iban nunca, tenían casas, casas hechas por ellos mismos, construidas con lodo y ramas. Casas que los protegían del frío, al igual que la ropa y vestidos que ellos mismos se hacían. ¡Ah! y un dato más, algunos nativos ya conocían la religión católica.

Si los pioneros de toda la Nueva España eran soñadores, los de frontera —como Santa Bárbara— ocupaban un renglón especial. Con un desconocimiento total sobre lo que yacía más al norte, cualquier historia —por inverosímil que fuera— incendiaba la imaginación de sus habitantes, máxime si la historia tenía alguna corroboración independiente, como en este caso.

Sin duda la ambición fue el comburente que hizo que la historia del indio resonara por todos los rincones del pueblo. Recuerdos del etéreo pueblo del "Cíbola", su palacio de oro, y demás mentiras del negro Estebanico se volvieron a escuchar. Pero en esta ocasión no fue este tipo de inspiración –que habían motivado la frustrada expedición de Coronado cuarenta años atrás— la que hizo que rodara la primera piedra de la avalancha hacia el norte.

Dos cosas no podían faltar en cualquier enclave español, un presidio para los soldados, y una misión para los religiosos; Santa Bárbara no era la excepción. En medio de campos chispeantes de trigo y maíz se erigía una pequeña misión; y dentro de sus encalados muros, Fray Agustín Rodríguez acomodaba argumentos:

> -¡Alabado sea el Señor! —exclamó Fray Agustín. Sin duda se trata de los pueblos bautizados por Fray Marcos de Niza cuando Estebanico lo llevó en 1539. Hermano, es Dios que nos llama y nos pide que volvamos.
>
> -Pero Padre, las leyes de colonización ya no permiten las entradas, —respondió Francisco López, su compañero Franciscano.

-Pues audiencia pediré con el Virrey. Vuestra Excelencia la venia me tendrá que dar, —dijo levantándose Fray Agustín.

Al día siguiente, el decidido Fraile partía por el Camino Real, camino único a la ciudad de México.

Varios días y cuatrocientas leguas después, lo recibía el Marqués de Villamanrique, Virrey de la Nueva España. El humilde atuendo de Fray Agustín contrastaba con la pompa de la corte, entonces el lugar más elegante del continente.

-Las noticias no pueden ser más prometedoras, su Excelencia —le decía Fray Agustín al Virrey. Se habla de indios que siembran, viven en casas, cubren sus cuerpos, y aman nuestra religión. Es claro su temor por Dios. Os suplico vuestra venia para internarme más allá de la frontera.

-Adelante Fray Agustín. Las ordenanzas de 1573 contienen una previsión para clérigos en misiones urgentes, como esta, —explicaba el Virrey. Ya las andanzas de Coronado indicaban la existencia de esos pueblos. Disponed de lo que necesario consideréis, y haced lo que podáis por esas almas dejadas de la mano de Dios.

Ni tardo ni perezoso, el 5 de Junio de 1581 iniciaba Fray Agustín su descenso por el río Conchos en busca de los indígenas del norte. Claro que no iba solo, se hizo acompañar del cronista Hernán Gallegos, nueve soldados de escolta comandados por Francisco Sánchez Chamuscado, diecinueve sirvientes mexicanos, y seiscientas cabezas de ganado. Y para ayudarle en la salvación de almas, también le acompañaban los franciscanos Francisco López y Juan de Santa María, éste último de origen catalán y ... estudioso de la astronomía.

Siguiendo instrucciones del informante, la caravana bordeó el Conchos hacia el noreste hasta entroncar con el río grande que venía del noroeste. En ese punto las treinta y dos personas y demás animales abandonaron el Conchos para proseguir por el Río Grande del Norte hasta las poblaciones prometidas. Debido a los animales, su velocidad fue lenta. Con seguridad no llegaron a El Paso del Norte sino hasta agosto, y con los indios pueblo hasta octubre del mismo año. Aunque el trayecto por El Paso fue sin eventualidades, con seguridad fue ahí donde el espíritu de la ciencia detectó a la caravana y empezó a revolotear sobre ellos tal cual zopilote sobre moribundo.

Al llegar al norte encontraron todo lo que esperaban y más. No tan solo había casas de adobe, sino que estaban emplastadas unas sobre otras elevándose hasta cinco o seis pisos, como gigantescos pasteles de lodo. Sus habitantes vestían ropa de algodón y zapatillas de piel, sembraban maíz y criaban gallinas de la tierra.

-Son tan domésticos e industriosos como el que más, —escribía el cronista Gallegos. Son gente muy inteligente y deseosa de servir.

-Si hubiésemos traído traductores, ahora mismo podríamos bautizar a pueblos enteros, —afirmaba Fray Agustín. Tendremos que mandar por refuerzos.

-Si me lo permitís, yo me ofrezco para volver a Santa Bárbara a dar cuenta de lo acontecido y pedir auxilio para la evangelización, —dijo el padre Juan Santa María. Acordaos que sé astronomía y me puedo guiar muy bien por las estrellas.

-Mañana mismo partís, —dispuso Fray Agustín.

Al día siguiente el joven Catalán emprendió el camino de regreso, dejando atrás al resto de la comitiva.

Desde el principio se dio cuenta de que no iba solo, era vigilado por un grupo de guerreros del pueblo de Tano, que estaba a unas leguas al sur de donde décadas después sería fundada Santa Fe, la capital de Nuevo México. El hecho en sí no le molestó, «quién nada debe nada teme», pensó. Además —razonó, tratando de ahuyentar sus resquemores— ya tenían varios días siguiendo a todo el grupo, es normal que ahora me vigilen a mí.

Al principio la ruta era sencilla, simplemente se trataba de seguir al río. Pero más adelante, al tercer día, cuando para evitar montañas hubo que alejarse del río, el padre Santa María tuvo que empezar a echar mano de sus conocimientos científicos para orientarse.

Es bien poco lo que se sabe de la muerte de Santa María, pero el arqueólogo Adolph Bandelier afirma que fue su práctica de la astronomía la que detonó la agresividad de los indios Tano hacia el religioso. Al empezar a observar el cielo para tratar de orientarse por las estrellas, explica Bandelier, el catalán apareció como hechicero ante los ojos de los indígenas. Y como en esos pueblos se mataban a los brujos por regla general, los vigilantes Tano tuvieron que exterminar a Santa María al convencerse que su observación de las estrellas no era casual.

El padre Juan de Santa María murió con el cráneo destruido por una pesada roca en el tercer día de su viaje de regreso. Nunca se imaginó que su interés en el estudio de los cielos algún día, en el nuevo mundo, le costaría la vida.

Desgraciadamente ahí no terminaron las jugarretas de la ciencia, la siguiente fue unos pocos años después, ésta ya más cerca de El Paso del Norte.

ASTRONOMÍA DE POSICIÓN

Don Juan de Oñate tuvo –al igual que su padre— interés en los asentamientos humanos y la minería. Su padre, don Cristóbal de Oñate, fue fundador de Guadalajara y Zacatecas, tres veces gobernador de La Nueva Galicia, y minero acaudalado descubridor de las minas de plata de Zacatecas. El joven Juan fue entrenado en la carrera de las armas encabezando campañas militares contra los rebeldes indios chichimecas del norte de la Nueva España. Asimismo, aprendió de su padre el oficio de prospector en busca de metales preciosos.

Tantos por sus intereses económicos como por su conexión con la realeza (contrajo nupcias con la nieta de Hernán Cortés y del emperador azteca Moctezuma), siempre tuvo interés en colonizar tierras allende la frontera norte. En 1598, después de décadas de estarlo intentando, don Juan de Oñate finalmente logró el permiso del Virreinato para para apoderarse, perdón, colonizar el Nuevo México.

Conocedor de los viajes de Coronado, Fray Agustín y de otro más hecho por Espejo, Oñate sabía cómo viajar al norte. Así que encabezando una gran caravana de más de quinientos hombres, cientos de carretas y miles de reses y animales, don Juan de Oñate, se aventuró a conquistar las tierras del norte el 10 de marzo de 1598.

De Zacatecas hizo la puja hasta Santa Bárbara, aún frontera norte del Virreinato de la Nueva España, donde descansó para planear el resto de la travesía. De ahí, el camino era conocido, debería seguir la rivera norte del Río Conchos hasta llegar a donde éste entronca con el Río Grande del Norte, y de ahí irse a contracorriente hacia el oeste.

Pero –al igual que Juan de Santa María– don Juan era conocedor de la astronomía de posición y decidió estudiar el asunto. Don Juan razonó, correctamente, que no tenía sentido irse al noreste por el Conchos, para después regresarse al oeste por el Río Grande del Norte. Debería ser más fácil, pensó, eliminar la triangulación e irse directamente al norte hasta encontrarse con el Río Grande. Al despegarse del Conchos, se iría al norte usando sus conocimientos astronómicos para orientarse con las estrellas; en sí estaría siguiendo un camino paralelo a lo que siglos después llegaría ser la Carretera Panamericana.

Y así lo hizo, el primer mes de travesía fue sin complicaciones mayores, salvo las de transitar con cientos de carretas por terrenos sin caminos. El problema se dio a escasas leguas antes de llegar al río.

El Río Grande del Norte, hoy Río Bravo en México y Río Grande en los Estados Unidos, desciende del norte acotado por las cadenas montañosas Sandía y Órgano, y tuerce hacia el este al llegar a la

Sierra de Juárez, donde hoy constituye la frontera entre los dos países.

A decenas de kilómetros al sur del Río yacen las blancas arenas que los conquistadores españoles bautizaron como "Los Médanos". Debido a los cambios drásticos de temperatura, las piedras superficiales de la zona, principalmente de cuarzo, se cuartean aumentando así las áreas superficiales que al ser golpeadas por los fuertes vientos aliseos, son erosionadas produciendo una arena fina, compuesta partículas de silicio y quarzo, que posteriormente forma dunas.

Extendiéndose unos 40 kilómetros de este a oeste, y cubriendo alrededor de 400 kilómetros cuadrados, es imposible que un viajero que se encuentre con las dunas pueda visualizar la manera de evitar esa barrera natural. Al seguir Oñate con su plan de abandonar el Conchos y seguir hacia el norte, se encontró este amplio desierto de dunas.

Su primer intento fue el de cruzar las arenas de norte a sur pero, al no poder hacerlo, decidió rodearlas por el este. El desvío fue de alrededor de 30 kilómetros. Para lograr avanzar en el difícil terreno duplicó el número de animales por carreta para aumentar la tracción, reduciendo así la cantidad de carretas en movimiento y la velocidad de avance. Una caravana en esas circunstancias se mueve a menos de 10 kilómetros por día, por lo que el rodeo significó un retraso de varios días, tiempo en el cual se les agotó el agua.

Oñate ordenó una avanzada de dos soldados a caballo para buscar el preciado líquido. Encontrando a unos nativos de la zona a decenas de kilómetros del grupo, los soldados supieron de la existencia de un manantial (hoy llamado Ojo de la Casa) y de la cercanía del río, pero no pudieron abastecer de agua a la caravana. Esto les costó la vida a muchos animales y enfermó a miembros de su caravana.

La difícil travesía terminó cuando lograron llegar a la hoy conocida sierra de Samalayuca, que bordea las dunas por la parte norte, lugar desde donde es fácil divisar el río. Al llegar al río y salvar la vida, Oñate bautizó al sitio como San Elizario, en agradecimiento al santo del día de su salvación: 19 de abril. Días más tarde, el 30 de abril, a 50 kilómetros río abajo de lo que llegó a ser "El Paso del Norte", Oñate proclamó la creación del Reino de Nuevo México.

Es irónico que esas difíciles experiencias hayan sido ocasionadas por el uso de la ciencia. A raíz de esa experiencia, el camino hacia el Paso del Norte se bifurcó desde kilómetros antes de llegar a Los Médanos, en la Laguna de patos, hacía el este para llegar a San Elizario, o hacia el oeste hacía El Paso del Norte, hoy Ciudad Juárez.

Tales inicios fueron premonitorios. A siglos de aquellos hechos, las cosas no han cambiado mucho. Como se narra en la siguiente historia casi-real, pareciera que el espíritu de la ciencia, en lugar de cubrir a El Paso del Norte con su manto, lo ha aporreado a rebozazos. Al igual que la primera, esta tercera historia tiene que ver con lo que pasa cuando algo de una cultura ajena le llega —literalmente del cielo— a los habitantes del norte de México. Todo empezó en la zona del silencio, sí a escasas leguas de allá de donde salió don Juan de Oñate.

CIENCIA DEL ESPACIO

Altamirano

La tarde estaba dándole muerte a uno de esos calurosos días de verano. De repente, el majestuoso cielo de Durango –en el corazón del desierto llamado la "Zona del Silencio"– se encendió de fuegos multicolores.

- Miren, algo está cayendo del cielo –exclamó pausadamente el señor Altamirano.

No muy lejos, una bola de fuego del tamaño de la luna caía velozmente llenando el cielo de rosas, naranjas y violetas. El objeto cayó alejado del mezquite donde Altamirano, su hijo y un vecino se encontraban resguardándose del aun inclemente sol.

-¿Qué será? –preguntó calmadamente Altamirano.

Y al no obtener respuesta agregó:

-A ver mijo vaya pallá y tráigaselo.

Sin empacho alguno, el niño dejó atrás a los mayores, y encarrerado atravesó el plano y desértico terreno. Los días de la canícula habían tostado el suelo. El inmenso llano estaba agrietado, y con cada pisada el niño desmoronaba terrones. Tras romper varios kilómetros del crujiente piso seco, el menor regresó jadeando, con la boca reseca, echándose aire con el sombrero.

-Es una bola pa, pero no la pude traer porque está muy pesada –explicó casi sin aliento. -Además está muy caliente –agregó disculpándose.

-¡Ah caray! pos entonces vamos todos pa ver ques – propuso Altamirano.

En silencio salieron de la sombra del mezquite. Echaron a andar rompiendo las huellas que había dejado el niño. El crac crac de las pisadas era lo único que se oía. No corría el aire. El pesado sol no dejaba que levantaran polvo al caminar. Lo plano y pelón del llano les ayudó a divisar el objeto mucho antes de llegar.

A los varios minutos se detuvieron frente a una perfecta esfera metálica que, aún humeante y quemada en su exterior, descansaba en un pequeño cráter de terrones desmenuzados.

-¿Qué será? –preguntó el vecino mientras acercaba la mano a la superficie.

-¡Ahora sí que "sepa la bola"! –respondió Altamirano.

-Lo que sí sabemos es que cayó del cielo –agregó el vecino.

El golpe apenas había afectado al misterioso objeto. Observando su intacta redondez, el vecino dijo:

-¡Mire compadre, ni siquiera se abolló! ¿pos de qué estará hecha? ¿No será de los marcianos? Ya ve como caen cosas raras por aquí –añadió.

-Pos sepa, pero mientras son peras o son manzanas, yo me la llevo pa la casa antes de que vengan a querérmela quitar –respondió Altamirano.

-Luego la corto en cachos y la vendo como fierro viejo –agregó.

-¡No compadre! Mejor la cortamos a la mitad y les hacemos unos bebederos a las vacas. Nada más hay que ponerle una patas –sugirió el vecino.

-Ya veremos, –dijo cortante Altamirano. Écheme una mano a ver si la podemos empujar.

Y rodando la bola, los dos hombres y el niño emprendieron un lento camino de regreso. También en el retorno hubo silencio. Como si entre ellos ya estuviera todo dicho. El peso del esférico pulverizaba la reseca tierra dificultando su traslado. Será que no hablaban para no cansarse. El contraste entre el minúsculo trío y la inmensidad del llano daba justa medida de su esfuerzo. Entre empellones y patadas agotaron el resto de la tarde cruzando aquel inhóspito desierto del altiplano. Llano coronado por lejanas montañas circundantes ahora ya incendiadas por un fulguroso atardecer.

La señora Altamirano

Al final, aún tibio, el modernista instrumento —ejemplo de tecnología del siglo XXI— llegaba a una humilde casa de adobe —

indudable orgullo de artesanos del siglo XVII. Ya casi era de noche cuando los perros les dieron la bienvenida.

Tras acercar la esfera al porche, el chico preguntó:

-¿La dejamos aquí afuera, pa?

-No mijo, contestó Altamirano. ¿No ve que si vienen a preguntar la van a ver? Vamos a meterla hasta el cuarto de su mamá. Pero primero hay que darle una lavadita. Tráigase la cubeta con agua, y unos vasos pa su padrino y pa mí.

Altamirano sintió como el agua le recorría por dentro. Después de hidratarse primero ellos, hidrataron luego al inesperado visitante. El agua reveló una superficie metálica, bruñida y sin uniones aparentes.

Al ver una inscripción, el vecino preguntó:

-Mire compadre, ¡quién sabe qué dice aquí en este lado? ¿Usted sabe inglés?

-Tanto como usted, compadre. Así que tradúzcale.

-Pos dice CRITICAL quiensabequé. Oiga, también tiene aquí un piquito. Como una antenita ¿ya la vio?

-Sí. Está quebrada ¿qué será?

Los perros seguían ladrando. Tanto, que hicieron salir a la señora Altamirano. Encendió la luz del porche,

-¡Ay viejo! Ya trajiste otro de tus fierros, —dijo molesta. ¡Y ora esa bola! ¿Quién te la empeñó? —agregó.

-Cayó del cielo, vieja, —explicó Altamirano a su mujer.

-Menos mal, —contestó ella.

Y sin esperar que lo insólito del hecho provocara reacción alguna en ella, agregó:

-La voy a cortar para hacer unos bebederos. Pero por lo pronto la voy a meter al cuarto pa que no la vean por si vienen a buscarla.

En respuesta a la decisión de Altamirano, el vecino intervino tímidamente:

-Compadre, mita-y-mita ¿no? —sugirió.

-¿Quién la vio primero? —preguntó rápidamente la señora Altamirano.

-Él que la haiga visto primero es el que Dios quiere que se quede con ella —aclaró.

-Pos ya se fregó compadre, —dijo Altamirano asintiendo con la cabeza.

-Écheme una mano, ¿no? A ver si no quiebra el suelo de dentro de la casa.

Y así fue como, rodando, entró el impresionante instrumento futurista a aquel aposento, último —sin duda— que su diseñador hubiese imaginado para su creación.

La hija Altamirano

La vida transcurrió sin más novedades en aquel remoto rincón del Bolsón de Mapimí. Desierto septentrional –único en el planeta— donde los rojizos atardeceres regalan chatarra "hi-tech" a sus inimpresionables habitantes.

A las varias semanas de aquel incidente –aún con el calor del verano– llegó de visita la hija mayor de los Altamirano.

-Pero papá, si no sabe lo que es ¿para qué la mete en la casa? ¿Qué tal si es peligrosa? –le decía la hija al señor Altamirano.

-¡Pos yo no la voy a sacar de aquí! –contestaba refunfuñando el padre de la joven.

-Nomás estoy dejando pasar el tiempo pa que se les olvide a los que vieron caer. Luego la voy a cortar pa hacerles un bebedero a las vacas.

-¡Está loco papá! Le va a explotar a usted o mi mamá. Y luego con mi mamá esperando, le va a hacer daño al bebé. ¿Quién sabe qué químicos tenga dentro? Si quiere otro bebedero pues róbese otro tambo de la carretera y ya –argumentaba la preocupada hija.

-¿Químicos? ¡Ah como eres borlotera! Ni huele a nada", contestaba Altamirano.

-Aparte ya ni casi tambos hay, ya se los robó la gente todos. Luego, ¿qué tal si sale como la bola que encontró Rufino y trae monedas adentro?

-¡Ay papá, esas son puras mentiras! Es increíble que a su edad ande todavía con esas cosas.

-Uno nunca sabe cuándo Dios le quiere dar a uno un premio. Imagínate que quisiera darme algo, ¿cómo le iba a hacer? Ni lotería compro, pos me lo tiene que echar del cielo, —dijo el padre.

-Mire pa, vamos a hacer una cosa –propuso la hija.

-Sáquela de aquí, échela para el corral y tápela. Yo ahora que regrese al Paso le pregunto a alguien que sepa, para ver si esa bola hace daño o no.

-Ándale pues –contestó el padre tratando de terminar la discusión.

-Pero déjame uno de tus sarapes para taparla –agregó mientras rodaba la bola hacia el patio.

-¡No, tá loco! –contestó la hija.

-Los traigo desde Moroleón para venderlos en el otro lado, y no le voy a dejar uno para que me lo eche a perder con la mugre bola esa.

La familia política de los Altamirano

Una semana más tarde, siguiendo la ruta de don Juan de Oñate, a unos ochocientos kilómetros al norte de la zona del silencio, en el extremo norte del desierto de Chihuahua, justo en la ribera norte del río Bravo, en la Universidad de Texas en El Paso, un profesor de física hacía a un lado sus ecuaciones para atender una llamada,

-Dr. López, I have a transfer call from somebody that says that something fell from the sky.

-Uh uh, another one of those . . . put it through please, –contestó el profesor aceptando la llamada.

-Dr. López, fíjese que ... [media hora de explicaciones] ...

-¿Y dice que tiene fotos de esa bola? –interrumpió el científico.

-Sí, porque fíjese también que ... [media hora más] ...

Después de que se enteraba que la madre estaba embarazada, que el vecino no tenía trabajo, que ella compraba ropa en Moroleón para vender en El Paso, que sí tenía suéteres de su tamaño, que la policía les quitaba mucho de mordida en el camino, que el papá no necesitaba un bebedero porque ya ni vacas tenía, que a cada rato caían cosas raras por ahí, etcétera etcétera, el Dr. López interrumpió la explicación preguntando:

-Muy bien, ¿y para que soy bueno?

-Pues para que me diga que le digo a mi papá que haga con la bola.

-Pues mire, así de entrada no sé qué decirle. Por lo pronto déjeme ver sus fotos para ver que puedo averiguar.

Al día siguiente en el vecino pueblo de Socorro, Texas, —también fundado por los sucesores de Oñate— el Dr. López llamaba a la puerta de una casa sin saber exactamente por quien preguntar. Sintió que la puerta había sido abierta, pero no pudo ver a su interlocutor tanto por la oscuridad de la tarde que moría, como por una puerta de tela de alambre.

López anunció:

-Buenas, venía a ver las fotos de la bola esa que cayó en Ceballos, –dijo López sin la menor esperanza de ser entendido.

Pero para su sorpresa escuchó:

-Sí, pásele, –le contestó sin reparo una voz avejentada, que agregó: pero no fue en Ceballos.

Al abrirse la puerta apareció un señor de edad avanzada, piel ajada, flaco, en camiseta y con muletas.

-Ahí viene mi nuera. Hija, aquí te busca el profe ese que dijiste que iba a venir.

Pocos minutos después, el doctor revisaba las fotografías rodeado por la hija de los Altamirano y toda su familia política.

-Dile al profe que por ahí siempre caen cosas de esas, –le pedía el suegro a la nuera.

-También dile de las tortugas que hay, –agregaba la suegra.

-Sí, doctor. Fíjese que dicen que una vez cayeron unos como tubos que se movían solos, –explicaba la hija de los Altamirano. La gente hasta se tenía que hacer pa un lado pa que pasaran sin pegarles.

-¿Y usted los vio? –preguntó López.

-No, ya ve que yo nada más voy de pasada por el rancho. Por cierto, déjeme que le enseñe los suetercitos para su hija.

-Mejor vengo después, ya casi es de noche, –contestó apurado el profesor. Luego le regreso las fotos.

Los doctores Anderson, Chalsey y Nerio

Al día siguiente, durante un paréntesis en su quehacer científico, el doctor López sostenía una comunicación telefónica con el doctor John Anderson, su colega del Jet Propulsion Laboratory de Pasadena California.

-As I told you, Dr. Anderson, la bola tiene las palabras CRITICAL 108 N54 y SPINFORGE P/N 109811, también se le ve un tubito quebrado, ¿qué podrá ser?

-No sé Jorge, –contestaba el científico californiano. Podría ser un satélite viejo. Tú sabes que todos los satélites están en caída libre, y es nada más cuestión de tiempo, pero todos van a caer. Si acaso es un satélite, la información de donde y cuando cayó les podría interesar a los de Aerospace Corporation. Ellos le siguen la pista a esos objetos, y datos nuevos les ayudan a mejorar los programas de rastreo.

-OK Dr. Anderson, I'll phone them, thanks.

Días después, en otro de sus muchos paréntesis en su quehacer científico, López hablaba por teléfono con George Chalsey de Aerospace Corporation:

-Jorge, es difícil identificar el objeto con el fax que me mandaste pero ciertamente parece un satélite. Mira, por el tamaño podría ser uno de los primeros usados, un Sputnik o algo así, y el tubito podría ser parte de la antena.

-¿Sputnik? ¿Pero las palabras en inglés, doctor Chalsey?

-Tienes razón, aunque se ha sabido que los soviéticos usaban palabras en inglés en satélites con pilas radiactivas para evadir responsabilidades en caso de accidentes

-¿Satélites radiactivos? ¿Acaso existen?

-Me temo que sí, Jorge. Así que mientras me mandas las fotos por correo y logro una identificación total, dile a tus compatriotas que NO CORTEN LA ESFERA. Aunque no creo que puedan, pues si no se acható en la caída lo más probable es que no la puedan cortar.

Dos semanas después, Debbie Nerio de Aerospace Corporation le llama al doctor López interrumpiendo una vez más su interminable actividad científica,

-Jorge, I have some news. Ya logramos la identificación de tu bola. No es un satélite, es un tanque de combustible sólido, de los que usan los posicionadores de satélites cuando ya están a punto de entrar en órbita.

-¡Ah caray! ¿Y de qué satélite es? ¿De dónde lo mandaron? –preguntó López.

-Bueno, estos normalmente salen de la base Vandenberg cerca de Santa Bárbara en California. Salen con los cohetes Delta, –explicó Debbie.

-¿Y cómo llegó hasta Durango?

-Pues supongo que es debido a la trayectoria que siguen para entrar en órbita geoestacionaria. En realidad mucha de la basura que estos satélites tiran se va por esa zona.

-¿De veras? Con razón dicen que ahí caen cosas raras.

-Y entonces ¿qué les digo a los que se lo encontraron? –preguntó López.

-Pues diles que no lo abran pues ha de estar lleno de residuos tóxicos. Y por otro lado, si lo logran cortar, diles que nos digan como lo hicieron, porque es de titanio y no creo que se pueda partir sin herramientas especiales.

-Thanks, Debbie. No, no creo que lo puedan cortar, así que no hay nada de que preocuparse. Pero yo de todos modos les aviso.

- Thanks a million, –contestó López a manera de despedida.

El doctor Cooper

Meses después, el Profesor Cooper y el doctor López regresaban de una presentación de "El Circo de Física" en Durango. Ya con varias horas de camino en el minúsculo cupé "Horizon", y entre canción y canción, el Profesor Cooper le dice al doctor López:

-Oiga mijo, con tanta cantada ya me dio hambre. ¿Por qué no paramos aquí en Ceballos pa comer?

-¡Órale! ¿Quiere ir a los pollos rojos? –contestó gustoso López.

-No, los pollos con axiote todavía están muy lejos. Mire, ahí están unos tacos luego luego.

Minutos más tarde . . .

-A mí deme dos órdenes de discada, y una Carta, aunque luego digan que tengo gustos de albañil, –dijo Clarencio Cooper. ¿Y usted mijo?

-Péreme, deje veo que hay –contestó López.

Pero antes de que aquel ordenara, Cooper –experto en asadores, ahumadores, parrillas, y otros enseres culinarios campestres– le preguntó al que atendía el puesto de tacos:

-Oiga amigo, que buen disco tiene para hacer la carne. Nunca había visto uno tan grande y tan redondito. ¿En dónde lo consiguió?

-Pos no me lo va a creer, –contestó el taquero. Pero fíjese que cayó del cielo. Por eso se llama aquí "Tacos El Satélite".

-¿Y a usted qué le sirvo, joven?, –preguntó el dependiente dirigiéndose al doctor López.

-¿A mí? ¡Nooo nada! –respondió López inmediatamente. Y agregó -Profe Cooper, mejor coma usted, yo realmente no tengo mucha hambre...

La zona del silencio es famosa por este tipo de historias. Se dice, entre otras cosas, que ahí no se transmiten las ondas de radio, lo cual no es cierto, pero también que por ahí caen cosas del espacio, que ahora sabemos que sí es cierto. La siguiente historia también está relacionada con algo que cayó del cielo, y aunque de extraterrestre no tenía nada, hizo que naciera un culto a lo extraterrestre, más allá de lo que ninguno de los partícipes de la historia podía haberlo imaginado. Todo sucedió en un lugar desértico al norte de El Paso del Norte, en un pueblito llamado Roswell.

ROSWELL

Lo desolado del desierto que rodea a El Paso del Norte ha servido de barrera natural para actividades militares. La región llamada Arenas Blancas (o White Sands en inglés) ha sido usada para múltiples actividades de índole militar, incluyendo la detonación de la primera bomba atómica. Esta historia empieza un poco después de eso, al final de la segunda guerra mundial.

La segunda guerra mundial fue el escenario para la proliferación de submarinos. A diferencia de los aviones, estas naves no podían ser detectadas con el recién inventado radar, y nuevas tecnologías tuvieron que ser diseñadas, probadas y puestas en marcha. El Dr. Maurice Ewing de la Universidad Columbia de Nueva York dio con una solución muy ingeniosa.

Así como la luz se refracta –es decir, cambia de dirección— al ir de un medio a otro, otras ondas, como el sonido, también sufren el mismo fenómeno. El efecto es producido por el cambio de velocidad que las ondas tienen en los diferentes medios. Sabiendo que el agua, bajo diferentes condiciones de temperatura y presión, propaga ondas sonoras a diferentes velocidades, Ewing supuso que el sonido se refractaría en el agua del mar al pasar de un manto de agua "lenta" a uno de agua "rápida". Para su fortuna, al investigar los océanos descubrió la existencia de una capa de agua, a una profundidad de unos 1000 metros, en la que la temperatura del agua se estabilizaba en gran parte del océano, y esto daba al sonido la posibilidad de propagarse mucho más de lo que se propagan en aguas menos o más profundas.

Dada la existencia de esa de agua isotérmica a cierta profundidad, sonidos producidos ahí, al empezar a propagarse hacia fuera de esa capa, cambian de dirección volviendo a refractarse en dirección opuesta para así regresar de nuevo a la región de temperatura constante. Este efecto, que equivale a atrapar el sonido en esa capa, hace que haya un enfoque acústico que permite que las ondas sonoras viajen distancias de miles de kilómetros; mucho más que a otras profundidades. A esa capa se le conoce como el "canal de sonido", aunque más que canal éste sea un rectángulo de miles de kilómetros de ancho y de largo, y de algunos cientos de metros de espesor.

Este canal, además de ser usado por las ballenas en sus conversaciones transatlánticas, sirve para vigilancia submarina: en 1943 Ewing logró detectar explosiones producidas en las Bahamas con micrófonos colocados ¡en la costa de África!

Después de su éxito en el mar, Ewing encaró un problema parecido, pero ahora en la atmósfera. Después de la primera explosión atómica en 1945, se sabía que era cuestión de tiempo para que los soviéticos lograran crear y detonar su primera bomba similar a la estadounidense pero, ¿cómo saber cuándo lo lograrían?

Ewing, aplicando la misma lógica, teorizó que si la combinación de presión y temperatura producían un canal de sonido en el mar, sería posible que algo parecido existiera en la atmósfera. El plan era idéntico al anterior: colocar micrófonos a diferentes alturas, hacer explosiones lejanas y así lograr detectar la existencia de un canal de sonido aéreo. De ser exitoso, el proyecto serviría para escuchar explosiones atómicas soviéticas, cuando estas ocurrieran.

En el otoño de 1945 Ewing obtuvo la aprobación de la fuerza aérea de los EEUU, la investigación empezó en 1946. La idea era colocar micrófonos a ciertas alturas y ver si el sonido se transmitía mejor en algunas alturas que en otras. Los micrófonos se colocaban en un arreglo de globos de cientos de metros de largo, y se hacían volar a miles de metros de la tierra tratando de mantener la altura del arreglo mientras éste se mantenía flotando en el aire.

Después de varios intentos fallidos en Bethlehem, Pennsylvania, el proyecto se trasladó a Nuevo México en busca de mejores condiciones atmosféricas. En el verano de 1947 los vuelos de los micrófonos empezaron a despegar de la base militar de Alamogordo, Nuevo México a unos 200 kilómetros del Paso del Norte. A diferencia de los globos aerostáticos de la época, éstos consistían de hasta 24 globos de hule sintético neoprene y tenían longitudes inmensas, de hasta de 200 metros.

Para poder ser detectados con el recién inventado radar, estos arreglos de globos y bocinas cargaban reflectores metálicos en forma de octaedros –que eran usados para seguirle la pista al globo. También transportaban boyas sónicas "sonobuoy" sostenidas con anillos de aluminio, que flotarían y emitirían sonidos en caso de que el ensamble de globos cayera en agua. La identificación de los componentes de cada vuelo se hacía por medio de dibujos (ridículamente infantiles y de colores) hechos en cinta adhesiva. Finalmente –por supuesto— todos los lanzamientos llevaban varios micrófonos para detectar los sonidos; en esa época los micrófonos más sensitivos eran . . . los de disco.

Charles Moore, profesor de física de New Mexico Tech y fallecido en 2010, participó entonces en el proyecto como estudiante de posgrado de la New York University. Para Moore, su trabajo consistía simplemente en estabilizar globos aerostáticos a alturas constantes para propósitos meteorológicos, nunca supo de la naturaleza militar del proyecto y no llegó a conocer el nombre de la operación secreta, "El proyecto Mogul", sino hasta 1993.

Los días 4, 5 y 7 de junio de 1947 Moore ayudó a lanzar los vuelos bautizados con los nombres de "NYU 4", "NYU 5" y "NYU 6", respectivamente. Se sabe que el NYU 5 ascendió 6000 metros hasta la estratosfera donde reventó dos globos y descendió un poco hasta aterrizar de manera normal hacia el este cerca de Roswell, mientras que el NYU 6 siguió una ruta más al sur; ambos vuelos fueron recuperados sin novedad. El NYU 4, sin embargo, ascendió hacia el noreste, dobló hacia el noroeste al llegar a la estratosfera, descendiendo luego nuevamente en dirección noreste, hasta caer el 7 de julio de 1947 en los terrenos del rancho Foster, a unos 100 kilómetros de Roswell, esparciendo su contenido en cientos de metros en dirección suroeste-noreste.

Al llegar el personal militar a recuperar el material del NYU 4, estos fueron cuestionador por los habitantes de la región y, desafortunadamente, los militares se refirieron al arreglo como un "disco volador", por aquello de los micrófonos de disco. Al día siguiente la noticia fue reportada en el periódico Roswell Dairy Record como la caída de un "platillo volador" dando pie a la creación del mito que todos conocemos. Desgraciadamente, para evitar que los soviéticos se enteraran de la existencia del proyecto Mogul, los militares decidieron no dar explicaciones sobre lo ocurrido ayudando así a la magnificación del hecho.

Aunque esos estudios a la postre llevaron a los científicos a confirmar la existencia de un canal de sonido aéreo, y a detectar el 29 de agosto de 1949 la detonación de la primera bomba atómica soviética, el "primer rayo" (Первая молния, en ruso), también sirvieron para crear el mito de Roswell. Hoy en día, entre otras tonterías, existe en Roswell el "Museo Internacional de los Ovnis", y el "Roswell UFO Festival" que atrae a cerca de 40,000 "alienígenos" de varios países. También ha habido series de televisión del mismo nombre, montones de películas-chatarra y —lo peor— se ha fomentado el culto a la ignorancia.

En 1995, después de que la información fuera desclasificada, Moore explicó lo que realmente sucedió en Roswell en 1947. Cuando el público no creyó sus explicaciones, Moore tomó el camino científico y trató de reproducir lo acontecido con simulaciones computacionales, pero aún así sus resultados fueron ignorados. Durante los años en los que no podía violar el secreto militar para explicar lo que en realidad había sucedido, Moore utilizó una frase para describir la histeria roswelliana: "No puedo decir nada, pero lo que sí les digo es que todo lo de Roswell es puro bullshit (mierda de toro)".

Una vez más, al igual que en las historias anteriores, el choque de la ciencia con los habitantes de la región, Roswell en este caso, produjo resultados inesperados. De alguna forma los oriundos de la zona de El Paso del Norte no llegan a asimilar enteramente el pensamiento crítico. Ya el líder cultural de la revolución mexicana, José Vasconcelos, reconocía este hecho con su frase de que "donde empieza la carne asada, acaba la cultura" y tanto Chihuahua como Texas son famosos por sus asados.

La siguiente historia nos da un ejemplo de la resistencia de dos aspirantes a científicos a ser inmersos en la cultura científica.

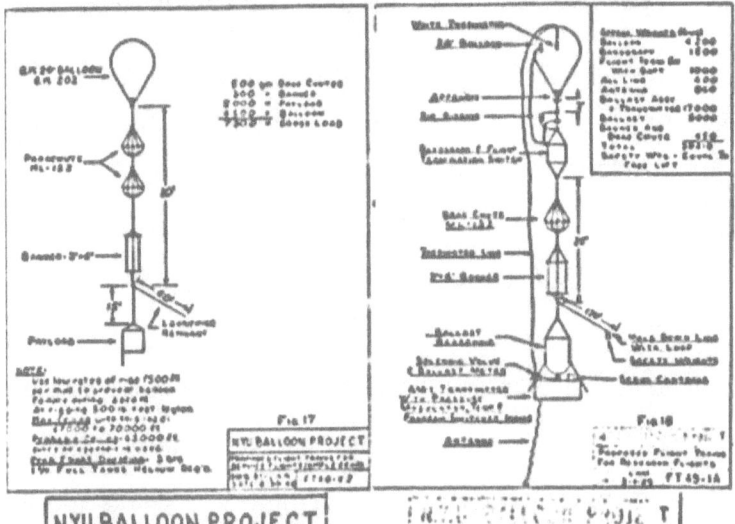

FÍSICA TEÓRICA Y EXPERIMENTAL

A veces la vida exige mucho, Lo bueno es que se conforma con lo que uno le dé.

Otoño de 1980

Al llegar al laboratorio de "filmes delgados" de la Universidad de Texas en El Paso, Pedro (mexicano de Cd. Juárez, 23 años, 2do semestre de maestría de física) bromea con su compañero de estudios:

-¡Mando, desde que hiciste tu famosa presentación de cómo soldar aluminio y bronce te has convertido en toda una rata de laboratorio!

-¡Quiubas Mamonado!

Le contesta Mando, (mexicano de Cd. Juárez, 24 años, 4to semestre de maestría de física) en referencia a lo "mamón" que era Coronado, el apellido de Pedro.

- Lo que pasa es que tengo que terminar ya, la fecha límite para entregas de tesis es el mes que entra.

-Sí, ya sé que me vas a presumir de nuevo que te vas al doctorado a Texas A&M.

-¡Vámonos Pedrín! No le saques y vente tú también.

-No Mando. Precisamente me acabo de comprometer con el viejito Bell para empezar mi investigación de tesis este semestre.

-¿Con Bell? ¿Y de que la vas a hacer, del antiguo o del nuevo testamento?

-¡Ay pinchi Mameyes –en referencia a Reyes, el apellido de Mando– no se te quita lo mamón.

-¡Es que son tarugadas, Pedro! El güey del Bell y el Schuster no saben otra más que sus loqueradas de creacionismo. ¡Ni en relatividad creen!

-No tiene nada de malo. Ellos también publican. ¿A poco tu asesor es muy gallón? Acuérdate que el Dr. Bell hasta tiene un libro de electromagnetismo.

-¡Sí, que nada más él usa! Mira, yo soy nuevo en este negocio pero al menos sé que mi asesor tiene dinero de investigación y publica en revistas de verdad, no en La Atalaya como tus compas. Pero déjate de cosas y vámonos a comer.

Era la continuación de la discusión eterna entre la creación y la evolución, pero ahora encarnada en estos tiernos estudiantes de física. Pedro, la joya familiar con ascendencia conservadora y venido de las mejores escuelas particulares de Ciudad Juárez, había encontrado en Mando a un amigo que, sin compromisos, le mostraba el camino cual áspero era. Mando era uno de aquellos tipejos barbudos y de mezclilla contra quien su madre lo había alertado años atrás.

A su vez el ateísimo e izquierdozo Mando, en el tiempo que tenía compartiendo aulas con Pedro, había encontrado en su amigo el blanco ideal donde descargar sus traumas contra aquella sociedad. Pedro en sí representaba todo aquello que él no podía concebir que aún existiese en la modernidad de los años ochenta: la religión y la moral al más puro estilo panista porfiriano. Eran muy buenos amigos.

Primavera de 1981

Física experimental

La llegada a una escuela nueva en otra ciudad siempre es difícil. A Mando se le facilitó esto un poco debido a un amigo de toda la vida, quien también había llegado al doctorado ahí año y medio antes.

El plan le era familiar a Mando; tomar algunos cursos, aprobación de un examen general, un par de años más de investigación y ¡la tierra prometida: el doctorado!

Física teórica

La invisible barrera que dividía a los físicos de la Universidad de Texas en El Paso, había cobrado una presa más. Pedro, al empezar a trabajar con el viejito Bell se había desconectado del resto de la facultad.

A pesar de que Bell había sido el creador de ese departamento y asesor de varios de los profesores, su afinidad con el creacionismo lo había separado de sus colegas.

Mando, con su amplia experiencia experimental estaba listo para el reto, al menos eso creía él.

El doctorado era la extensión natural de la vida de Mando. Hijo primogénito de una renombrada familia de maestros e intelectuales Juarenses, era de esperarse que llegara sin ningún problema a obtener el título máximo. La meta parecía estar al alcance de la mano, mas no todo era color de rosa.

Después de la muerte de su madre, Mando había pasado por un segundo matrimonio de su padre, había sufrido la súbita muerte de su hermano menor.

El rechazo de Bell a la relatividad y mecánica cuántica, lo había aislado profesionalmente.

Más por fe que por otra cosa, los padres de Pedro estaban seguros que su hijo habría de ganarse el premio Nobel. Totalmente desconectados de la realidad científica confundían, al igual que su hijo, la ciencia con la invención. La meta parecía estar al alcance de la mano, mas no todo era color de rosa.

De carácter tímido, Pedro no había tenido citas con el alcohol ni con las mujeres. Pero lo que le faltaba en experiencia, lo compensaba con imaginación.

Asimismo un conflicto de huelga que le había costado la expulsión de la preparatoria en Ciudad Juárez. La suma de todo esto, tal vez, se reflejaba en su incipiente adicción al alcohol y en su temor a iniciar una relación seria con alguna novia. Aún con eso su desarrollo académico había sido muy satisfactorio.

Alentado por su padre, Pedro soñaba con evitar accidentes de automóviles usando luces infrarrojas, y ahuyentar insectos con ultrasonido. Era esta inocencia y el sentimiento casi místico de ser un predestinado, es lo que le hacía trabajar tanto y con tanto ahínco en sus cursos y tesis teórica

A partir de su separación, Pedro y Mando se enfrascarían en una lucha a tientas contra las verdades científicas que –aun estando al alcance de la mano— no han sido desenterradas. Aunque con métodos y filosofías distintas, ambos estaban listos para pagar el justo precio por volverse fanáticos en el estudio de la naturaleza.

El tema de moda en Texas A&M era el nuevo acelerador "Superconducting super-collider" (SCS).

"Existe un marco privilegiado y es el nuestro" -explicaban los Dr. Bell y Schuster a Pedro.

Para la construcción del SCS el Estado de Texas acababa de aportar 100 millones de dólares. Mando llegó durante la formación de grupos, estaba justo en el momento y lugar adecuados.

En cuestión de meses Mando ya estaba participando en proyectos de investigación de calidad mundial. Los más de 50 kilómetros de largo que tendría el acelerador de Waxahashi en el estado de Texas, necesitarían miles de imanes superconductores, y Mando ayudaría en su diseño y construcción. Un sueño hecho realidad en un abrir y cerrar de ojos.

Mr. "Corrounauro", le llamaban sus profesores en inglés a Pedro Coronado. "Es hora de que pongamos a la teoría de Einstein en el lugar donde debe de estar."

"El primer postulado de la teoría de Einstein está en contraposición directa con las enseñanzas bíblicas", - explicaba Schuster a Pedro. "Pero lo importante" – agregaba Bell— "es demostrar con mecánica clásica lo que la relatividad obtiene con sus matemáticas exóticas". Corregir a Einstein, un inesperado sueño hecho realidad en un abrir y cerrar de ojos.

"*You Mr. Reiez*, diseñará los imanes para este acelerador" –conjuraba el Dr. McClinton, colaborador experimental de Fermi Lab que cinco años después recibirían el Nobel por descubrir un quark más.

"*You Mr. Corrounauro*, va a ser el primer humano en conocer la verdadera causa del movimiento del perihelio de mercurio" –conjuraba el Dr. Bell ante los ilusionados ojos del inocente Pedro.

Como buenos amigos que eran, ambos se extrañaban, a su manera, claro.

-Mamonado, quisiera mandarte una postal, pero como en este pinchi pueblo no hay nada que ver, pues nada más te mando esta carta, – le contaba Mando en su primera y única carta a Pedro en aquellos tiempos de pre-correo electrónico.

Y agregaba:

-Ya hablé con el Dr. Timmons, jefe del departamento de física, y dice que te acepta en la universidad aunque no creas en la relatividad. Dice que con llevarte cinco minutos al ciclotrón te convences de que la masa aumenta con la velocidad. Así que tú dices mi estimado Pedrín, ¿te conviertes al relativismo?

Presuroso Pedro le respondió con una tarjeta postal de Ciudad Juárez diciéndole:

-Yo sí te mando una postal para que no te olvides de la plaza de toros. Agradécele al Dr. Timmons su invitación, pero creo que reconciliar la ciencia con la religión es más valioso que descubrir un quark más. Cuándo encuentre una teoría alterna a la relatividad se los haré saber antes de que salga en el Scientific American. Salud.

La verdad es que a Mando sí le hubiera servido tener a Pedro cerca. La cercanía de alguien aparentemente débil nos transforma ilusamente en más fuertes. Por su parte, Pedro nunca consideró realmente la posibilidad de salir de casa para estudiar un posgrado. De haberlo hecho junto a Mando, hubiera cambiado la vida de ambos al grado que en esta historia no habría mucho que contar.

Mando quedó instalado a unas cinco millas de la universidad. En aquellos tiempos College Station era precisamente, un pequeño "college town". Sus dos únicas calles principales lo unían al vecino e igualmente chico pueblo de Bryan.

Bienaventurados los simples de espíritu porque de ellos será el reino del Señor. Con lo mejor de su fe Pedro trabajaba arduamente. Para calcular la precesión del perihelio de mercurio había que tomar en cuenta a todos los demás planetas.

Mando vivía en Bryan –y, para su infortunio, hizo de la caminata a la universidad un ejercicio matinal.

Algo tiene de malo el poder pensar, a veces termina uno dándose cuenta de cosas que no debe.

A diferencia del camino a Comala de Rulfo, la carretera que Mando recorría al ir a College Station ni subía ni bajaba –era la exacta definición matemática de un plano.

Pero igual que en el Macondo del Gabo, la abundante vegetación tapaba lo poco que había para ver. De no ser por los carros que pasaban, en ese camino no había nada con que distraerse, ni montañas, ni valles, ni nada.

Pero como el problema de más de tres cuerpos no tiene solución, había que tratarlo con métodos aproximados.

Afortunadamente la teoría de perturbación ya había sido desarrollada plenamente.

En cierta manera la teoría de perturbación es como cortar pelo. Primero se tusa a cierta longitud, y luego se empieza a refinar aquí y allá hasta que quede al gusto del cliente.

Asimismo, en su estudio perturbativo Pedro primero hizo un cálculo a grosso modo, el cual refinó con correcciones sucesivas.

Empezó sumando lo que pudo, y continuó agregando –una a una— contribuciones pequeñas, hasta que le diera el total que él buscaba.

Y menos en época de lluvia, donde caía agua por días a la vez. En tiempos de aguas, ni los carros se veían.

Es por eso que Mando, todas las mañanas al hacer su recorrido de su apartamento a la universidad, no tenía en que entretenerse y se ponía a pensar. Pensaba en la física, en sus recuerdos, en el porvenir. Pensar y pensar, no hacía otra cosa más que pensar, desgraciadamente.

Método muy bueno, dado que se conozca el resultado final de antemano.

El problema en el cálculo perturbativo de Pedro era que, si no se demuestra que lo que se queda sin calcular es ínfimo comparado con lo que se calculó, el análisis es tan válido como un billete de a tres pesos o, como están las cosas, tan válido como uno de a peso.

Verano de 1981

Llegó el fin de semestre junto con el temido examen general, requisito para continuar con los estudios de doctorado. Al término de dos semanas de intensos estudios, Mando se declaró formalmente listo para enfrentarlo.

Dichoso aquel cuyo pecado el Señor no tomará en cuenta. Pedro terminó su tesis la cual fue ratificada por Bell, Schuster y —el hoy ministro presbiteriano y entonces decano de ciencias— Dr. John Law.

Después de todo era tan solo la primera de las tres oportunidades que se otorgaban en Texas A&M en aquella época.

El examen consistía de cuatro partes que cubrían todas las áreas básicas de la física. Se presentaban en dos días en sesiones de ocho horas.

Ese día Mando se despertó más temprano que de costumbre, se duchó y mochila al hombro echó a andar hacia el frente de batalla. Pero, para su propio mal, empezó a pensar.

Nunca se supo exactamente qué pasó, pero en algún lugar en el trayecto de su apartamento a la universidad, Mando se regresó a su casa antes de tomar el examen.

Gracias a su éxito con los creacionistas, un cúmulo de oportunidades inmediatamente se le amontonaron en la puerta. Pedro no se daba abasto atendiéndolas.

"Papá, ahora sí necesito tu consejo. Mi tesis les interesó tanto que me invitan a ir al instituto de La Jolla, California a trabajar por el verano. También podría quedarme ahí para el doctorado. ¡Ah! y me invitan a la conferencia de creacionismo en Pittsburg. ¿Qué hago?"

Nunca se supo exactamente qué pasó, pero en algún momento del verano Pedro se regresó de California antes de terminar su trabajo y empezar su posgrado.

Al principio todo iba bien, Mando iba repasando ecuaciones mentalmente por South College Drive. Pero a la altura de Villa María Road empezó a prestar atención al espíritu olímpico mexicano.

[Sí, ese que dice que lo más importante del deporte no es ganar, sino competir.]

"¿Estás seguro que el ΔX en el principio de incertidumbre de Heisenberg es del orden de Amstrongs en el caso atómico?" –le preguntaba el espíritu. "Creo que tendrías que revisarlo" –agregaba. "Lo malo es que no traigo mis notas", –le contestaba Mando.

Ya cerca de College View Drive Mando iba en amena conversación con el espíritu olímpico mexicano.

Al principio todo iba bien, Pedro escribía casi a diario a sus padres contándoles de sus avances. Pero ya para principios de junio empezó a prestar atención al espíritu olímpico mexicano.

[Sí, ese que dice que lo más importante del deporte no es ganar, sino competir.]

"¿Estás seguro que la fuerza central de Einstein mantiene al universo estático?", –le preguntaba el espíritu. "Creo que tendrías que consultarlo con maestros evolucionistas" –agregaba. "Lo malo es que aquí no hay ninguno de esos", –le contestaba Pedro.

Ya cerca de julio, entre cólico y cólico Pedro mantenía amena conversación con el espíritu olímpico mexicano.

Mando argumentaba que no era justo que tan solo hubiera un semestre de física estadística, y que el maestro fuera un oriental con acento indescifrable.

"Lo importante no es ganar sino competir", –le decía el espíritu a Mando. "Además tú ya has logrado más que muchos", –agregaba, usando la adulación como consuelo.

Dicen, los que no los vieron, que Mando y el espíritu nunca cruzaron University Drive y regresaron juntos a su departamento convencidos, ambos, de que Mando "no la iba a hacer", y que, además, "ya podría intentarlo en algún otro semestre."

Pedro argumentaba que no era justo que para estudiar tuviera que dejar su casa y trabajar con profesores extranjeros no católicos.

"Lo importante no es ganar sino competir", –le decía el espíritu a Pedro. "Además tú ya has logrado más que muchos," –agregaba, usando la adulación como consuelo.

Dicen, los que no los vieron, que Pedro y el espíritu nunca disfrutaron el cielo de agosto en California y regresaron juntos a Juárez convencidos, ambos, de que Pedro "no la iba a hacer", y que, además, "ya podría intentarlo en algún otro semestre."

Ese momento olímpico-espiritual marcó el principio de algo. Aunque los dos siguieron laborando en cosas interesantes, ambos sabían que el juego había cambiado y los planes ahora eran otros. Como un cometa que había llegado al punto de mayor acercamiento al sol, internamente sabían que era hora ya de emprender el regreso a casa. Una vez preparado el yo interno, lo demás era cuestión de ultimar detalles.

Primavera de 1982

Mando no se preocupó cuando tomó y reprobó el examen por segunda vez. Tampoco pasó nada cuando no lo aprobó en la última oportunidad.

Ante los ojos de todos "ya había hecho demasiado".

De alguna manera, su amigo y ahora eterno compañero, el espíritu olímpico mexicano, le daba un aplomo de triunfador. Lo bueno era que "en México nadie se titula, tú ya casi eres doctor", le decía el espíritu.

Pedro no se preocupó cuando regresó a Juárez e hizo pública a su familia su decisión de no terminar su trabajo de verano ni seguir con el doctorado.

Ante los ojos de todos "ya había hecho demasiado".

De alguna manera, su amigo y ahora eterno compañero, el espíritu olímpico mexicano, le daba un aplomo de triunfador. Lo bueno era que "en México nadie se doctora, tú puedes conseguir mejor trabajo con maestría", le decía el espíritu.

Ya sin el temor de perder algo, Mando se concentró tomando y aprobando cursos avanzados a su elección, haciendo un magnífico trabajo en el ciclotrón de Texas A&M y en Fermi Lab.

Una vez eliminada la presión y con el espíritu a su lado, Mando, antes de abandonar College Station y regresar a Cd. Juárez, logró publicar su tesis, aunque ahora devaluada a una de maestría y no de doctorado.

Ya sin el temor de perder algo, Pedro, con su maestría, consiguió trabajo como docente en una exclusiva escuela privada e hizo un magnífico trabajo magisterial por varias décadas.

Una vez eliminada la presión y con el espíritu a su lado, Pedro logró formar un valioso grupo local de adoradores de la astronomía, aunque ahora devaluado a uno de divulgación y no de investigación.

Verano de 2000

Décadas después de aquellas historias, Pedro y Mando dejaron de diseñar imanes superconductores y de aturdir moscas con ultrasonido, llegaron al nuevo milenio, cuarentones, solteros y tan amigos como siempre, y –aunque siguen usando poliéster y mezclilla— ya dejaron de ser tan puritanos e izquierdistas, tan creacionistas y evolucionistas. Es curioso ver como el espíritu chocarrero de la ciencia, que los llevó de la mano por caminos tan distintos, los trajo a un destino final no tan distinto. A veces la vida exige mucho, lo bueno es que se conforma con lo que uno le da.

¡Ay reata no te revientes, que es el último jalón! Reza el dicho popular. Y precisamente fue en el último jalón dónde se les reventó la reata a este par de prospectos de científicos de El Paso del Norte tan prometedores. Un ejemplo más de jóvenes pasonorteños que más que acercarse a la ciencia, chocan con ella y salen expulsados del campo. Nunca sabremos si el espíritu olímpico mexicano los hizo desistir de triunfar, o simplemente les sirvió de paliativo para no sentir tanto pesar por no haber logrado forjarse como científicos.

La siguiente historia podría considerarse un poco más divertida, pues permite vernos a los habitantes de El Paso del Norte con los ojos de alguien de fuera, de un italiano neoyorkino. Más sin embargo se trata de una tragedia, y ciertamente es malo burlarse de males ajenos.

CIENCIA DEL AMBIENTE

Octubre de 1997, en el laboratorio del Hospital General de Ciudad Juárez, el biólogo en turno terminaba de escribir un análisis de sangre . . .

-¡Chávez! Ven a ver esto. Parece un caso de intoxicación con plomo.

-"Estos nuevos biólogos", pensó Chávez, el encargado del laboratorio, "apenas gradúan y ya quieren arreglar el mundo".

Acercándose, en tono amable contestó:

-¡N'ombre! Ha de ser un error. A cada rato pasa.

Ya con el reporte en la mano, Chávez dijo en broma:

-Mira, si esa concentración de plomo fuera cierta, el bato ese sería metálico. Sería como de fierro, como el "robo-cop", un "robo-bato" o algo así.

-Es una "bata", y además está embarazada, –dijo en tono sobrio el biólogo.

-¡Ah caray! Ojalá no sea cierto, –exclamó Chávez cambiando el tono.

-¿Y el resto del análisis de sangre está bien?, –agregó ya preocupado.

-Más o menos, –asintió el laboratorista. La hemoglobina anda un poco baja, el azúcar un poco alto, pero todo dentro de los límites. Lo único excedido es el contenido de plomo, nunca había visto un caso de más de punto cero uno. Es más de treinta veces lo esperado.

-Deja lo reporto, –dijo Chávez llevándose el documento.

Secretaría de Salud y Asistencia

Minutos más tarde, en el laboratorio de análisis clínicos de la Secretaría de Salud y Asistencia, el doctor Robles atendía a Chávez por teléfono . . .

-Sí Chávez. Sí, ya lo anoté. Nada más manda el reporte.

-No Chávez. No se ha reportado ningún otro caso igual. El plomo no se transmite como epidemia, no te preocupes. . .

-Sí Chávez, mándalo por fax. En cuanto cuelgue te doy tono. Hasta luego.

Al colgar, el doctor —mirando al cielo— exclamó:

"¡Ah qué Chávez! Después de tantos años en ese hospital, ya cree que puede arreglar el mundo."

Al minuto un documento facsímil llegaba por teléfono. Después de ojearlo, Robles se preguntó: -"¿A dónde se reporta esto? Al IMSS, ISSTE, la Cruz, SSA-México, ¡ah! y al paso (entiéndase El Paso)."

Secretaría de Salud y Asistencia

Boletín Médico 27-10-1997

Por medio de la presente se notifica que el 21 de septiembre de 1997 se le realizó el análisis de embarazo a la Sra. Audelia Balenzuela de 32 años de edad, resultando el mismo positivo.

El análisis de sangre arrojó los siguientes resultados:

Glucosa 104mg/dL	Sodio 141mEq/L	Fosf. Inor. 4.1mg/dL
Albúmina 4.4g/dL	Bilirubina 0.4mg/dL	Hierro 90ug/dL
Colesterol 225H	Ferrit. 146ng/mL	Plateletas 307K/uL
Linfocitos 31.2%	Magnesio 1.7 mEq/L	Plomo 0.34 mEq/L
Hemoglobina 17 g/dL	Calcio 9.6mg/dL	Potasio 106 mEq/L

Cabe hacer notar que el contenido de plomo excede, por un factor de 30, el máximo permitido en las recomendaciones de la SSA. Se pide a las autoridades correspondientes se sirvan prestar atención a este suceso e ingresarlo a las listas de estadística.

Dr. Julián Robles Saucedo

Titular A de Laboratorio

Secretaría de Salud y Asistencia

Eje Vial Juan Gabriel No. 10659, Cd. Juárez, Chihuahua

Thomason Hospital

Días después en el Thomason Hospital de El Paso, Texas, el doctor Joe Aguilar, responsable de enfermedades infecciosas, leía el boletín enviado por la SSA . . .

-"¡Holy shit! These guys from Juarez screwed it again." –pensó burlonamente.

-"I hope is not for real. I better check first." –se dijo a si mismo al momento en que buscaba el teléfono del doctor Robles de la SSA.

-Jai Dactoer Ræbles, soi el Dactoer Iou Aguilær del Doumason Jospiræl, ¿se acuera de mí?

-¿José Aguilar del Thomason? ¡Sí! Claro que sí colega. ¡Qué milagro!

-Recibimous su buletn y querría preguntar si la medida de ploumo estauba correcta.

-No hay duda, You. Ya mandamos una enfermera a avisarle a la señora y mañana debe de venir a un segundo examen. Si quieres, mañana te llamo para avisarte si el problema persiste.

-¡Ouu! yes, please. Grecies.

Después de colgar, el doctor Robles pensó desconsolado:

-"Then it's for real, I guess somebody ate a lead bullet. I better file a report. I'll send an e-mail message.

University of Texas at El Paso

Días más tarde, en el Departamento de Geología de la Universidad de Texas en El Paso, el doctor Nick Mangetori leía su correo electrónico...

- "¡Damn! This is interesting. ¿De dónde habrá salido tanto plomo?"

El doctor Mangetori —norteamericano de raíces italianas— era el encargado del estudio de la contaminación de la "canasta básica" alimenticia en la frontera, siguió leyendo.

-"El reporte no dice nada de otros metales. ¿Se habrá contaminado por alimentación o respiración? Es difícil que sea por respiración. Si es por alimentación quedaría en mi proyecto de la canasta básica."

El renombrado geólogo —que vestía de corte modernista— había establecido su reputación al romper con estereotipos aplicando técnicas de espectroscopia, normalmente usadas en estudios fisicoquímicos, a estudios biomédicos.

Sus intenciones eran obvias.

-"Aquí podría usar mi espectrómetro de masas, y si sale algo interesante podría pedir más fondos de investigación a la EPA (Siglas de "Environmental Protection Agency", la agencia de protección ambiental de EUA). Podría comprarme el espectrómetro de líquidos. Si tan solo pudiera encontrar selenio u otro metal pesado... Necesito una muestra de sangre."

Minutos más tarde —sediento de sangre— el doctor Mangetori telefoneaba al hospital Thomason con la esperanza de conseguir una muestra...

-Joe, I all need is just a sample...

-OK, calm down, ya entendí. Al menos dame los datos de la clínica de Juárez, quiero ver si puedo conseguir más sangre yo solo...

-No te apures por mí, aunque sé poco español sí sé manejarme bien en México...

-Sí, ya sé que es ilegal. Claro que no voy a llegar tocando la puerta diciendo "¿Me puede dar sangre?" Tengo amigos allá que me pueden ayudar...

-OK, shoot. The patient's name is Mrs. Balenzuela ¿With a V or B? ¿are you sure is with a "B"? Weird...

-Doctor Robles –yes I met him at the meeting last year... Centrou de Salud, Cioudad Joarez, phone 613-6251...

-Yes, I know, I dial 011-52- first...

-Thanks. Bye.

Al momento de colgar, Mangetori levantó el teléfono para hacer una segunda llamada, esta ocasión a Carmen Castillo, profesora de biología de la Universidad Autónoma de Ciudad Juárez, exalumna de Mangetori,

-¿Caurmen? Hi, yes long time no see. Listen, I need your help...

Anapra

Días más tarde, por las empedradas brechas paralelas al Río Bravo, o Grande –según los norteamericanos— un venerable Mercedes Benz se aventuraba lentamente por la colonia Anapra al oeste de Ciudad Juárez . . .

-Caurmen, no veo ningún número en las casas.

-Pues yo ni casas veo, pero sígale. Me dijeron que era pasando el tanque de agua.

-Oiga Dr. Mangetori, ¿y porque tanto interés en este caso?

-No es casual. Si te acuerdas, tengo el proyecto de I-Pi-Ei de buscar contaminación en los alimentos que componen la canasta básica.

-Sí, usted habló de eso en la reunión anual fronteriza de biomedicina.

-Exacto. Bueno, pues es debido a eso que me interesa interrogar a Misses Balenzuela. Quiero saber cómo se intoxicó de plomo. Y si consigues que te deje tomarle otra muestra de sangre podré buscar otros elementos pesados.

La colonia Anapra es uno de esos tantos lugares del oeste de Ciudad Juárez donde los asentamientos humanos —casi todos ilegales— empezaron antes de que nadie tuviera la precaución de urbanizar. Colinda con los Estados Unidos y se extiende más allá de donde el Río Bravo se interna al país del norte y deja de ser frontera.

Siendo una de las zonas más pobres de Juárez, tenía como vecino —del otro lado del río— a la centenaria fundidora de metales Asarco, famosa por su enorme chimenea y conocida localmente como la "esmelda", onomatopeya *smelter*, nombre en inglés de las fundidoras de metales.

En pocos minutos vieron que la vivienda que buscaban estaba arriba de una desértica loma. Dejando el automóvil a escasos metros del escueto río Bravo o Grande -que no es ni lo uno ni lo otro— Carmen y Mangetori empezaron a subir por la ladera de un barranco. A medida que subían, lo blanco y polvoso del despeñadero iba dando lugar a un azul profundo del despejado cielo. Hasta que –en marcado contraste- coloridos anuncios de refrescos "SKY" (pronúnciese "Eskay") y mantecadas "Bimbo" hicieron su aparición en las paredes de la casucha.

Característica de la zona, la construcción era de materiales de desecho, madera, cartón, lámina acanalada y –por supuesto- anuncios comerciales.

-Toc toc, llamaba a la puerta Carmen . . .

-Knock knock, le seguía el Dr. Mangetori . . .

-Buenas taaardes. Señora Balenzueeela, –gritaba Carmen.

-Buens taaares. Sénior Belenzueeela, –coreaba el doctor Mangetori.

-Vooy, vooy –dijo una voz tras la puerta de tela de alambre.

Al quitarle el pasador a la puerta apareció una señora alta, de tez blanca quemada por el sol. Abriendo la puerta con una mano y recargándose en el marco con la otra, los observó detenidamente —especialmente a la larga cola de caballo de Mangetori— y les dijo:

-Diría que están perdidos, pero saben mi nombre, así que sí están en el lugar correcto. ¿Qué hacen por aquí? Casi nunca nadie viene por estos lados. ¿Para que soy buena? Aparte de para nada. Les ofrecería un vasito de agua pero veo que vienen con su botellita y todo. ¡Ah! de seguro vienen del hospital. Ya han de querer más sangre ¿no?

Tras la avalancha de observaciones, Carmen se intimidó un poco, y en tono explicativo le informó:

-Mire señora, mi nombre es Carmen Castillo, y este es el Doctor Mangetori de la Universidad de El Paso. Veníamos porque . . .

-¿De la universidad esa grandota que se ve del otro lado del río? –interrumpió apuntando con el brazo hacia el noreste. Y agregó:

-¿No me ha de creer que sí la conozco? Por aquí está recerquita. Un día me crucé por el río, ahí por las compuertas. El tubote del desagüe lo lleva a uno derechito a la Universidad, sale uno en mero en medio. Antes me cruzaba por la "esmelda", por ahí mire. Donde está la chimeneota. Pero está muy feote, todo lleno de polvo negro y piedras.

Carmen interrumpió tratando de contener la segunda andanada de comentarios,

-Sí, sí. De esa universidad viene el Doctor. Bueno, le decía que veníamos por su problema de la sangre.

-¡No le dije! –interrumpió de nuevo la señora. Y añadió:

-Ya sabía que querían más sangre. Pero ya les dije a los de la semana pasada que ya no les iba a dar más. Que ya no vinieran. Todavía me duelen las tres inyecciónsotas. Las tres veces me han sacado del mismo lado. Con eso de que no me encuentran la otra vena. Y me sacan rete-muchota. Así que ni crean que les voy a dar más.

-No señora, no se trata de eso, –dijo Carmen tratando de calmarla. Queríamos nada más hacerle unas preguntas, si nos lo permite, claro. –dijo volteando a ver a Mangetori.

Y convencida de que no iban a lograr su cometido, dirigiéndose al Doctor Mangetori, parentéticamente le previno:

-Hey Doc, no blood today, OK? Let's just ask her some questions.

Al aceptar la señora Balenzuela los invito a pasar. La entrada conducía directamente a lo que sería una recamara casi completamente denudada de mobiliario. Mangetori permaneció de pie, Carmen se acomodó en una mecedora a tomar notas, y la inesperada anfitriona se sentó en la cama que hacía las veces de sofá. La entrevista comenzó:

-Señora, como el doctor no sabe español, yo lo voy traducir, ¿okey?

-Ándele pues. Pregunte.

-El doctor quiere que le permita hacer una inspección a su casa ¿sí?

-No hay mucho que ver. Mi viejo no ha querido ampliar...

-¿La casa ha estado siempre así, con paredes de madera sin pintar?

-Sí, ya le dije a mi viejo, pintadita se vería mejor, pero no hace caso...

-¿Cuánto tiempo lleva viviendo aquí?

-Ya vamos para siete años. Antes vivíamos en otra casita por esa loma...

-¿Nunca ha cocinado en latas de las que usan como envase?

-Nunca.

-¿Nunca ha tenido jarros de los pintados de colores?

-Sí, el de las hierbas.

-¿Tiene tubería de agua con soldadura?

-Ni agua entubada tenemos.

-¿Su marido recicla baterías de carro?

-¿Baterías? No. Antes se las robaba.

-¿Nos regala una muestra de agua?

-¿Agua? Sí, la que quiera.

-¿Recicla pilas de las redondas?

- ¿De las redonditas? No. ¿Se reciclan?

-¿Dónde compra el mandado?

- En el Smarcito.

-¿En qué trabaja su esposo?

- Ya no trabaja el huevonsote.

-¿Qué pasta de dientes usa?

- Ni pasta tenemos.

-¿Dónde tiran la basura?

- La quemamos en el tambo ese.

Media hora más tarde —ya de regreso— Mangetori y Carmen re-entraban a la modernidad.

-Weird, Caurmen. No encontré nada nada que pudiera explicar el plomo.

Decía el doctor Mangetori acariciándose pensativamente la barba.

-¿Será que vive muy cerca de la Asarco Smelter? –especuló Carmen.

-Could be, –dijo dudando Mangetori. Pero lo veo difícil, pues esa concentración tan alta no se logra por inhalación. A ver qué logro identificar en el agua.

-Doc, tal vez si el centro de salud le diera una muestra de sangre... —sugirió Carmen.

-Good idea, let's go there, – contestó entusiasmado el Doctor dando una brusca vuelta hacía el eje vial Juan Gabriel.

Al día siguiente, el doctor Mangetori concluía un análisis del líquido vital de la señora Balenzuela. Con el rostro iluminado por la luz de su computadora pensaba sorprendido,

-"Plomo, selenio, silicio . . . ¡La sangre de esta mujer es un ejemplo de la tabla periódica!"

Como león enjaulado, recorría de un lado al otro el pequeño espacio del laboratorio de espectroscopia de masas. Rumiando pensaba,

-pero el agua no tiene plomo, tampoco hay pintura de plomo en su casa, ni soldadura de plomo en las tubería, ni envases o utensilios de plomo, ¡nada!

Atorado estaba en sus cavilaciones, cuando la enorme chimenea de la Asarco se hizo presente a través de una ventana. Pausadamente se llevó la mano derecha a la barba y acomodó los anteojos con la izquierda. Acto seguido, pegó un brinco, abrió un cajón, y sacó una antigua libreta de notas. Buscó y rebuscó entre las páginas hasta que encontró lo que quería, hecho que rubricó con un grito de alegría,

-I got it!

Sin perder tiempo se comunicó con Carmen, la única que él sabía que podría valorar su descubrimiento.

-Caurmen, I know what it is! Bueno casi. La contaminación de la sangre no solo tiene plomo, también tiene selenio, silicio, y muchas cosas más. Pero eso no es lo más importante, comparé el análisis con un estudio viejo que hice de la tierra alrededor de la Asarco antes de que la cerraran y, ¿a qué no sabes qué? ¡Las distribuciónes de masas son idénticas!

-¡Pero cómo! –replicó Carmen. Entonces eso significa que...

-Ese es el problema, precisamente, que no sé lo que significa. –Dijo desconsolado el profesor. Caurmen, me parece que vamos a tener que volver a visitar a Misses Balnzuela.

-As you wish Doc, –le contestó la pequeña bióloga fronteriza.

Al día siguiente del siguiente, Carmen y Mangetori repetían la odisea.

-Toc toc, llamaba a la puerta Carmen...

-Knock knock, le seguía el Dr. Mangetori...

-Buenos díías. Señora Balenzueeela, decía Carmen.

-Buens deeeas. Seniora Belenzueeela, decía el Doc.

Esta vez, la puerta de tela de alambre no se abrió. Desde adentro, una voz infantil les dijo:

-Mi mamá nostá. Anda en la casa de Doña Cuca.

-¿Y dónde está la casa de Doña Cuca? –preguntó Carmen.

-Acá atrás, –explicó la pequeña. Y agregó: Es una casita de adobe que está allá arriba. Está pintada de blanco y tiene un anunciote del PRI.

Más azul cielo, más suelo gris, más casas pobres, más anuncios del PRI. Los investigadores ascendieron por una agrietada vereda que jugaba el papel dual de arroyo –durante los doce días que llovía al año— y de calle en los otros trescientos cuarenta y tres.

El ascenso y la increíble vista desde arriba les robó el aliento. Desde antes de llegar, el entrenado ojo del informal científico examinó la casa de doña Cuca. Era de adobe con vigas de madera, enjarrada con yeso y con techo de tablas y papel negro.

-Toc toc, llamaba a la puerta Carmen.

-Knock knock, le seguía el Dr. Mangetori. . .

-Doña Cuuuca. Buenos díías, gritaba Carmen.

-Donia Couuca. Buens deeeas, gritaba Mangetori.

-¡Ah! son ustedes de vuelta, –dijo con una pesada sorpresa la señora Balenzuela desde el fondo de la habitación.

Se levantó para ir a abrir la puerta diciéndole a su amiga en voz baja:

-Son los de universidad del otro lado. El profe greñudo que te dije que había venido. –Y en respuesta al "¡ay, cómo serás!" de la amiga agregó: No te apures, ni me entiende, ¡no habla español!

Tras abrir la puerta de alambre y quedarse flanqueándola, la señora Balenzuela empezó uno de sus acostumbrados monólogos.

-¿Ya vieron que desde aquí se ve su escuelota? Parece un palacio chino. Miren, esta es mi comadre Cuca. ¿Cómo dieron conmigo? Ni crean que les voy a dar más sangre. Ni a ustedes ni a los otros.

-No, no señora, –interrumpió rápidamente Carmen. Veníamos nada más a platicar de nuevo. Si nos lo permite...

-Pues mientras no me saquen sangre . . . ¡Pásenle pues! –dijo invitándolos forzadamente a entrar.

El interior de la vivienda era típico de la zona. El techo mostraba grandes vigas, el suelo era de cemento, las paredes de adobe enyesado con algunas partes resquebrajadas.

-Oiga señora ¿cómo le hace para subir hasta acá? ¿No está muy pesada la subida en su estado?

-Un poco, y fíjese que vengo todos los días. ¿Verdad Cuca? –Afirmó mientras roía con gusto algo que escondía en su mano, Grchh.

-Ahora el Doctor quiere saber cómo barre usted su casa.

-Pos igualito que todos. Primero le doy una mojadita pa que no levante polvo y luego la barro. Grchh, Grchh.

-¿Tiene usted alguna receta especial que prepare muy seguido? ¿O algún truco familiar que use para darle sazón a la comida?

-Nooo, pos no. Cuando llego a tener dinero le echo su "Nor" (refiriéndose al sazonador Knorr Suiza), pero pos casi siempre le echo nada más su salecita, pimienta, ajo y esas cosas. Grchh, Grchh.

-¿Se había hecho exámenes de sangre antes?

-Si. Grchh, Grchh. Pero ya hace muchos . . . ¡Kja caf! ¡Kja cof! . . . Cuquita ven, dame poquita agua, que se me atoró el terrón.

-Tome mi botellas, tenga. — Gracias. Gluglú, Gluglú.

-¿Qué fue lo que dijo que se le había atorado, señora?

-Un terroncito de adobe. Es de la pared de aquí. Es por eso que vengo todos los días con Cuca. Los adobes de esta casa son los mejorcitos. Mire, dele una probadita.

-No gracias señora. Ya nos vamos.

-¿Ya? ¿Tan poquitas preguntas? ¡Ni la vueltota hasta acá! — dijo la señora Balenzuela un poco decepcionada.

Y dirigiéndose en inglés al Doctor, Carmen le dijo:

-Doc, let's go, ya sé de donde viene la intoxicación.

-¿Really? Déjame adivinar. Dame una pista, por favor.

-Le apuesto a que en su tierra las embarazadas no comen adobes, ¡y menos contaminados de plomo!

-¡¿Whaaaaat?! Gritó fuertemente Mangetori.

La geofagia es una habilidad que tienen ciertos animales de obtener minerales al digerir tierra, pero en los humanos se considera un hábito enfermizo. El pobre doctor Mangetori nunca pudo entender por qué la señora Balenzuela comía terrones de adobe, pero lo oriundos de la zona, como su servidor, sí.

Por algún motivo acá en el desierto la gente siente la necesidad de los minerales. Cuando yo era niño, me acuerdo que comíamos terrones, cachitos de yeso, y esas cosas. Unos mordíamos las piedritas, otros primero las rompían y luego se comían el polvito. Y las embarazadas igual, pero esto no lo pudo entender mi amigo Nick; dejaría de ser de Nueva York.

Desgraciadamente, los terrones que consumía la Señora Balenzuela eran hechos con tierra de los barrancos circunvecinos que estaba contaminada con las exhalaciones de la fundidora de metal de la compañía Asarco, que se encontraba a unos cientos de metros. Durante las últimas décadas de sus 120 años de funcionamiento, la empresa mantuvo la política de monitorear los vientos y aumentar producción cuando los vientos soplaban hacía el sur. Su chimenea, la más alta del país, emitía humos tóxicos amarillos de dióxido de sulfuro y metales pesados —como el plomo— hacía México. Fue un crimen que quedó impune.

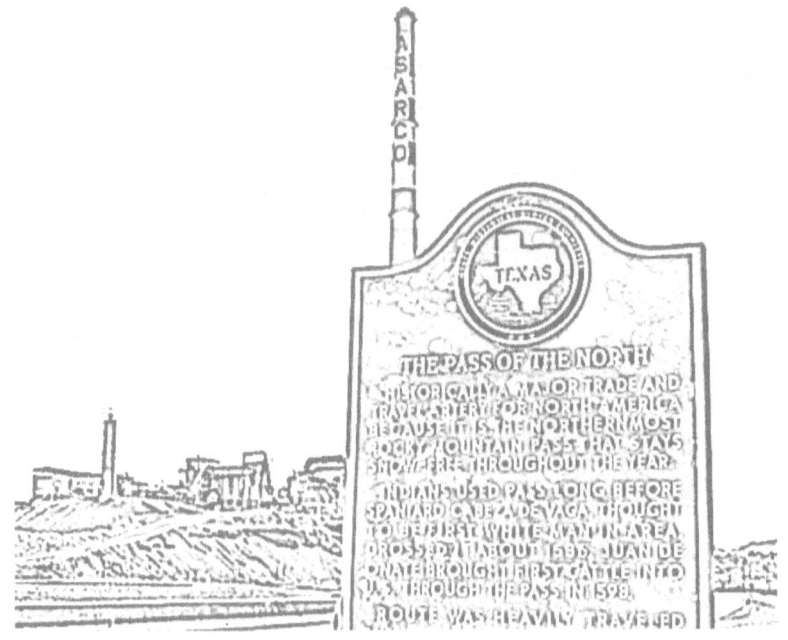

SATURNISMO CARIDEO

Una historia relacionada a la anterior, que también le sucedió al pobre Dr. Nick Mangetori, fue la contaminación de plomo de camarones secos.

El Dr. Mangetori tenía la fortuna de que el gobierno federal le comprara sus alimentos. Sí, debido a su proyecto de monitoreo de alimentos en la canasta básica, el Dr. Mangetori recibía fondos federales para compra de alimentos, los cuales –por supuesto- tenían que ser examinados, sin importar que posteriormente fueran consumidos por él y su familia.

En una de esas ocasiones, visitando a los supermercados de El Paso, Nick compró leche, pan y todo eso, incluyendo un paquete de camarones secos. Al llegar a su laboratorio, el renombrado geólogo de pelo largo, preparó los camarones –no en tortitas con pipián, como se acostumbra en Semana Santa— sino en solución acuosa para poder estudiarlos en su equipo de espectroscopia. La espectroscopia usa rayos X, electrones, o directamente fuego para excitar a un material y hacerlo que emita radiaciones que permiten identificar a los componentes del material.

El único resultado interesante del estudio de esa semana fue que los camarones secos tenían plomo en cantidades varias veces la máxima permitida por la Agencia de Comida y Medicinas (Food and Drug Administration) de los Estados Unidos. Intrigado por el nivel de contaminación, Nick decidió investigar el origen del problema.

Los camarones eran de marca "Don Ramón" y habían sido empacados en Cd. Juárez. De acuerdo a su experiencia con casos similares en Estados Unidos, Mangetori inicialmente pensó que los camarones habían contaminados por exposición a pintura de plomo. Supuso que tal vez la bodega donde habían sido empaquetados era de madera y estaría pintada con pintura de plomo.

Recurriendo a su eterno contacto en Ciudad Juárez, la Dra. Carmen Castillo, se trasladó a Juárez a buscar la empacadora de los camarones. Grande fue su sorpresa cuando descubrió que la dirección del paquete de camarones correspondía a una mansión del selectivo Club Campestre. La casa de dos pisos había sido dividida para instalar a la empacadora en el piso superior. En un ambiente higiénico, con aire acondicionado, iluminación industrial, y ataviados con batas blancas, tapabocas y guantes de laboratorio, un pequeño grupo de empleados empacaba diversos productos secos en bolsas de celofán.

Tras disculparse por la intromisión, Nick pidió permiso para revisar los contenedores donde habían sido transportados los camarones, sin encontrar ninguna causa aparente de la contaminación. Preguntó y fue informado que el origen de los camarones había sido el puerto de Mazatlán, pero dado el tipo de contenedores usados en el transporte, era poco probable que éstos se hubieran contaminado durante el trayecto de Mazatlán a Ciudad Juárez. Al parecer la contaminación tenía que haber sido en el sitio donde desecaron el producto en Mazatlán.

Para estar completamente seguro, Mangetori pidió muestras de los demás productos empaquetados por Don Ramón, y regresó a El Paso a examinarlos. Al ver que todos los demás productos que empacaba "Don Ramón" estaban libres de plomo, se convenció que la empacadora juarense no era parte del problema.

Dentro de las dudas que atosigaban al Doctor Mangetori era la extensión del problema. ¿Cuántos productos de camarón seco estaban contaminados? ¿En cuáles supermercados? Parte de sus responsabilidades era hacer sonar la alarma para evitar problemas de consumo. Ante Nick esto decidió volver a los supermercados y comprar camarones secos "Don Ramón" de varios lugares y en cantidades casi industriales.

Curiosamente los estudios de tales camarones dieron todos resultados negativos. Nick no encontró ningún otro paquete contaminado. ¿Cuál habrá sido la causa del saturnismo carideo?

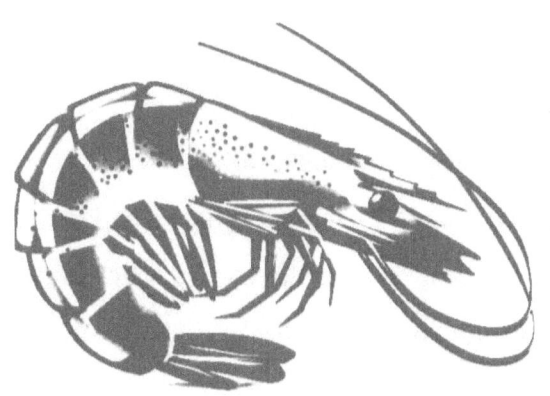

RADIACTIVIDAD

Pobre México, tan lejos de Dios y tan cerca de los Estados Unidos, reza la frase atribuida a don Porfirio Díaz, y esta historia siguiente confirma el hecho. Al igual que en la anterior, donde México sirvió de tiradero de humos tóxicos, en ésta, sirvió de basurero de material radiactivo.

El hecho, que sucedió en 1983, dio publicidad mundial a Ciudad Juárez antes que ésta fuera famosa por los feminicidios, narcotráfico y narco-ejecuciones de las décadas posteriores. La prestigiosa revista Science cubrió el tema no en un artículo de contribución, como son los de investigación, comúnmente publicados ahí, sino en uno periodístico. El New York Times también dedicó su sección de ciencia al tema de Juárez.

El re-encuentro

-Hola Andrecito. ¿Qué te has hecho? Hace mucho que no te veía.

-Nada, señor García.

-Ya te dije que me puedes llamar Eleazar. Además hay confianza, acuérdate que fui buen amigo de tu papá. ¿Ya cuántos años tienes?

-Diecinueve, don Eleazar.

-¡Diecinueve! El tiempo vuela ¿pues cuantos tenías cuando te volví a ver?

-Once. Fue en el noventa y uno, para el dos mil ¿échele?

-Cierto. Antes de eso te dejé de ver en el ochenta y nueve, luego que me enfermé. Oye, por cierto, aquella vez me preguntabas de todo aquello que había pasado en el barrio. ¿Te acuerdas? En aquel entonces no supe que contestarte. Bueno, años después conocí a un profesor de la Universidad Nacional Autónoma de México, Ángel Dante, y me explicó algunas cosas. Está muy interesante todo aquello. Cuando quieras vamos a verlo.

-Sí me gustaría. Aún tengo curiosidad. He hablado con gente, pero los paisanos ni cuenta se dieron, y a los extranjeros no les entiendo muy bien. Aunque algo he aprendido en las clases.

-Sí, yo también estudié algunas cosas, pero es más fácil que te lo explique Ángel, el profesor. Mira, ahora está ocupado pero la semana que entra va a estar libre. Quedé de ir a fumar con él, ¿vamos?

-¡Claro!

La reunión

-Andrés, este es el doctor Ángel Dante. Durante muchos años fue el físico nuclear experimental más reconocido de la UNAM.

-Favor que me haces, Eleazar. Pero eso fue hace muchísimo tiempo atrás; en mi otra vida, como comúnmente se dice. Mucho gusto Andrés. Algo me había contado Eleazar de ti. ¿Fumas?

-Mucho gusto doctor, y no, no fumo. Nunca tuve tiempo de empezar, ni con el cigarro ni con el alcohol.

-Haces bien. Mi ex es de la opinión que el tabaco quita diez años de vida ¿tú que crees?

-A mí sí pásame uno. Ya a estas alturas ni modo que nos acorte la vida.

La historia

-Ángel, Andrecito quería que le contaras un poco de aquello de lo que habíamos hablado. ¿Te acuerdas?

-Claro, fue un caso muy sonado. ¡El peor desastre de radiación nuclear hasta aquel entonces! Hasta a nosotros nos llegó allá en la UNAM. Me acuerdo que ocupó la portada de Science, una revista internacional, venía una foto con el nombre "Juárez" abajo con letras grandes. ¡Estoy seguro que don Benito Juárez nunca se imaginó que su nombre iba a ser tan famoso!

-Allá a finales de los setenta —todavía ni nacías tú— un hospital de Houston —no recuerdo el nombre, Anderson o uno de esos famosos de Texas— no quiso pagar la cuota para deshacerse de una máquina de esas de inspección médica. Como usan radiactividad, cuando ya no funcionan bien, pero aún tienen radiactividad fuerte, las meten en minas abandonadas. Y los de este hospital, para evitarse el pago —que andaba en los miles de dólares en aquel entonces— se pusieron de "bondadosos" y le regalaron la máquina a un hospital de Ciudad Juárez. Era uno privado, creo.

-Sí, el Centro Médico. Ahí trabajaba yo. Era el chofer de mantenimiento, el encargado de la bodega.

-Bueno, los del hospital la recibieron sin darse cuenta que la máquina ya estaba casi inservible. La radiación necesaria para el funcionamiento de la máquina aquella era producida por cobalto 60. El cobalto tiene una vida media de 5 años, así que ya para después de 10 o 15 años de uso, andaba entre el 10 y 25 por ciento de la radiación inicial. Es decir, ya no tenía la intensidad requerida para que funcionara bien.

-Pero, en fin, sin el entrenamiento apropiado, los de Juárez la aceptaron y nunca la echaron a andar, simplemente la almacenaron.

-Sí, me acuerdo cuando llegó. La arrumbamos con el resto de los equipos viejos. A mí me extrañó porque se veía más o menos nueva, no como los demás aparatos que teníamos ahí.

-¿Qué no había nadie que supiera de eso en ese hospital?

-Pues, no creo. Nunca vi a nadie que bajara a revisarla ni nada.

-Es la historia de nunca acabar. Ya sabes cómo nos las gastamos en México. No hay leyes que exijan que los hospitales tengan un físico médico. Nadie supo qué hacer con la máquina, y terminó arrumbada en una bodega durante muchos años.

-Pero hasta ahí todo iba bien. Con la máquina bien armada no había ningún peligro. El problema serio empezó cuando decidieron limpiar la bodega. Ahí fue donde entró Eleazar en la historia – pero no fue tu culpa Eleazar. Tú lo sabes. Tú más bien fuiste el primer afectado.

-Sí. ¡Uno que iba a saber! A mí me dijeron "llévate estas cosas para el yonke (juarense por deshuesadero de autos, supuesto onomatopéyico de "junk yard"). Cada rato me decían que hiciera cosas así.

-El problema -Deja prendo otro cigarrito —ya se me van a acabar los cerillos— lo que siguió de seguro ya te lo contó Eleazar, ¿no Andrés?

-Pues sí, sí me contó algunas cosas. Pero hay muchas cosas que no entiendo. Por ejemplo, ¿qué tiene que ver la troca (juarense por "truck") en todo esto?

-Andrecito, cuando me cargaron la máquina aquella en la troca, la echaron junto con un montón de fierros. Pobre aparato, primero se les cayó, luego los demás fierros lo apachurraron, y total que al final se le rompió una de las bisagras y se abrió una puertita. Yo vi cuando se le salieron los balincitos. De ahí empezó el lío. Cuéntele doctor.

-Sí Andrés. Los balines a los que se refiere Eleazar son las píldoras de cobalto, de donde sale toda la radiación. Claro que —aunque menos intenso—el cobalto seguía siendo radiactivo. Al quedar expuesto al aire libre, empezó a irradiar con radiactividad todo lo que estuviera a su alrededor, incluyendo la camioneta.

-La exposición directa a la camioneta ha de haber sido de una hora a lo más, que es lo que tardaste en llegar al deshuesadero ¿no?

-Hasta menos, no había mucho tráfico —me acuerdo. El yonque estaba cerca, ahí pasando el tecnológico.

-Pero tengo entendido que algunos balines se quedaron ahí en la caja de tu camioneta.

-Sí, un montón. Me acuerdo que de regreso los oía rodar. Sabrá Dios cuantos no se caerían por el camino.

-Esos balines contaminaron la camioneta. El cobalto decae por emisión beta y gama, o sea que emite electrones y luz de muy alta energía. Estos hacen que el hierro de la camioneta, por ejemplo, produzca rayos x. De esta manera, la camioneta se pudo haber convertido en una fuente de rayos x. Todos los que se acercaron a ella es como si se hubieran puesto enfrente de una máquina de rayos x. ¡Ya se imaginaran!

-Para colmo de males, la maldita troca se me descompuso, ya andaba mala de la marcha. Como no tuve dinero para arreglarla, la deje frente a la casa, ahí en el barrio, meses enteros. Fue cuando te arruine a ti, Andrecito.

-Cálmese Don Eleazar, no llore. Usted sabe que no fue su culpa.

-Me acuerdo que ahí jugábamos. Hasta hice un club en la caja de la troca. Recuerdo como entre sueños que puse unas cajas de madera y una colchoneta vieja. Como apenas andaba en cinco años, era el único vago que no iba a la escuela. Y ahí me la pasaba. Hasta jugaba a las canicas con los balincitos. ¡De haber sabido!

El escándalo

-¿Otro cigarrito Eleazar?

-Nos lo echamos, no faltaba más. ¡Qué tiempos aquellos! Siento que vuelvo a vivirlos.

-Pero eso fue tan solo el principio, lo bueno vino después. Primero, sin saber que el material era radiactivo, se lo llevaron a Chihuahua junto con todos los fierros del deshuesadero de autos. La máquina y los demás aparatos que había tirado el hospital se fueron a la fundidora de Chihuahua.

-Para el reciclaje de los metales, ¿no?

-Precisamente. De ahí sacaron lámina, tubería y varilla de construcción, todo contaminado claro, que luego repartieron por todo México y Estados Unidos. Pero nadie se dio cuenta.

-Pasaron meses. No fue sino hasta que parte de esta varilla llegó al Laboratorio Nacional de Los Álamos que se dieron cuenta de lo que había sucedido.

-Sí, pasó un montón de tiempo. ¡Ya para cuando vinieron los doctores americanos ya había pasado más de un año!

-Exacto. Me cuenta un amigo que estaba en Los Álamos, allá en Santa Fe, Nuevo México, que cuando llegó el camión con la varilla contaminada provocó un gran escándalo.

-Al entrar el camión sonaron las alarmas de los detectores de radiación, e inmediatamente llegaron los helicópteros, el ejército y sacaron a la gente. Parecía una operación militar. Hay que reconocerles a los gringos que así como no les importa joder a los demás, entre ellos mismos se cuidan muy bien.

-¡Y qué si nos jodieron con el mentado regalito! No vea cómo se los he agradecido.

-Pues hasta ahora es que me entero de quien fue el responsable de todo aquello. ¿Pero luego que pasó? La verdad que de los seis a los once años no me acuerdo muy bien de todos los detalles.

-De eso sí me acuerdo yo. Como al año llegaron los doctores de Houston. Llegaron, me acuerdo, todos cubiertos con trajes especiales —blancos— y sus maquinitas "pi-pi-pi". Parecían astronautas.

-A todos los del barrio nos daba risa porque no se querían ni acercar. Ya luego ni la policía quería entrar. Rodearon la cuadra, no dejaron que entrara ni saliera nadie. Le hicieron exámenes médicos a todos, chicos y grandes.

-¿Y la gente que decía? ¿Mis papás no se quejaban?

-¡Cómo no! Tu tío Lalo se enojó con uno que quería examinar a tu prima. ¡Ya se le figuraba que le mancillaban el honor familiar! La gente andaba brava, pero la policía controló todo.

-¡A mí ya me traían! Me hicieron más preguntas que a ninguno. ¡Pensé que hasta al bote iba ir a dar! Los tuve que llevar al yonke, allá hicieron otro relajo. Recogieron todititos los fierros del yonke, es más, ¡hasta la tierra del suelo! Le quitarían como una pulgada de hondo. Ya cuando vi eso, comprendí que sí estaba fea la situación.

-¿Y qué hicieron con los fierros y la tierra?

-Pues no sé, lo llevarían a algún lado a estudiarlo. Al final quedó todo en Samalayuca, ¿no mi doc?

El daño

-Sí, tuvieron que recoger material de todos lados. Pero, Eleazar, tú para ese entonces ya estabas muy mal, supongo. ¿Cómo te sentías?

-Pues muy jodido manito. Lo que es la mera verdad. Me sentía débil de todo el cuerpo.

-De lo poco que yo me acuerdo es que a mí me dolían las manos más que nada. Como que me quemaba algo por dentro. Mi mamá lloraba mucho.

-¡Pobres! Y lo de ustedes fue lo que se supo. ¡Ve tú a saber cuántos casos como el de ustedes pasaron desapercibidos!

-Ahí mismo en el barrio hubo otros casos. Lo malo es que cuando se hizo el escándalo en los periódicos, mucha gente se asustó y se salió de la colonia. Ya no se supo nada de ellos. ¿Quién sabe que habrá sido de ellos?

-Hubo muchos problemas. Yo supe –por ejemplo– del edificio de siete pisos que tuvieron que tirar en Denver.

-¿De veras? ¿Tiraron todo un edificio?

-Pues está como la casa esa en Juárez —de por ahí por el campestre— nunca se dijo abiertamente que estaba contaminada —tal vez para poder venderla— pero nunca fue habitada.

-En todo México se pararon construcciones, Veracruz, Cuernavaca, por todos lados. Ahí al instituto en la UNAM llegaba la gente pidiéndonos que fuéramos a revisar sus casas. Estaba peor, pues en cuanto sabía el gobierno que la casa tenía varilla radiactiva, clausuraban la construcción. No crean que removían la varilla y ayudaban a los dueños, no. Simplemente ponían letreros y no dejaban que se hiciera nada más. Y punto.

-Sí señor. Así arreglamos las cosas, escondiéndolas. Después de ahogado el niño . . .

-Oiga doctor, ¿y usted cree que pudiera llegar a suceder algo así de vuelta?

-Sin duda Andrecito. Simplemente fíjate en cómo resolvieron aquel problema nuestras autoridades — resolvieron entre comillas, claro. Enterraron toda la varilla contaminada que pudieron encontrar —y la que les enviaron de los Estados Unidos— en una construcción que hicieron. Era una placa de dos pulgadas de cemento de base y sin tapadera. Simplemente echaron la varilla ahí, y la taparon con arena de las dunas de Samalayuca. ¡Como si la arena no se desplazara de un lado para otro! Y para completar el cuadro, lo hicieron enseguida de un manto natural de agua.

-Sí, enseguida del Ojo de la Casa.

-¿Te imaginas que pasaría si se contamina el manto subterráneo y se mezcla con los pozos de agua de Juárez?

-En respuesta a tu pregunta, sí, sí creo que pudiera volver a pasar. No hubo legislación nueva. Los hospitales siguen sin tener físicos médicos. Ahora sí que aún después de ahogado el niño todavía no tapan el pozo.

El fin

-¿Otro cigarrito Eleazar?

-Pues nos lo echamos, mi doc. ¿Todavía le quedan?

-Oiga, doctor y si no es indiscreción, ¿usted de que murió?

-De tabaquismo, Andrecito.

LA UNIVERSIDAD DEL PASO DEL NORTE

Podría pensarse que la educación a nivel superior podría estar coadyuvando una conciliación entre el pensamiento científico y el popular de El Paso del Norte, pero desgraciadamente esto no es así. En realidad, como se puede observar en la siguiente y última historia, es el pensamiento arcaico, místico, y anti-científico el que pareciera estar conquistando las casas de estudio.

Medicina cuántica

A mí regreso a El Paso del Norte en 1990, tuve la iniciativa de iniciar una carrera de física en la Universidad Autónoma de Ciudad Juárez (UACJ). Contactando antiguos colegas que laboraban en la universidad impartiendo los cursos de ciencia a estudiantes de ingeniería, se inició un proceso que tardó varios años, pero que a la postre resultó en la creación de la carrera de ingeniería física.

Crear una carrera nueva requiere de la creación de un plan de estudios apropiado. Los cursos básicos de mecánica, electricidad y magnetismo, termodinámica existían ya en la currícula de los diversos programas de ingeniería. Sin embargo una licenciatura en ingeniería física demandaba la creación de muchos otros cursos, tales como física moderna, mecánica analítica, campos electromagnéticos, física estadística, y ... mecánica cuántica, entre otros.

Al iniciar la carrera los cursos básicos serían cubiertos con los ya existentes en las ingenierías. Varios de los cursos avanzados podrían ser cubiertos por el personal docente existente, pero otros no debido a la falta de preparación de los profesores. Cuando la primera generación estuvo a punto de completar el segundo año, la dirección del programa se vio en la necesidad de encontrar facultativos que pudieran impartir mecánica cuántica.

La física cuántica es la disciplina que estudia la naturaleza a escalas espaciales pequeñas. Cuando los avances experimentales lograron medir efectos atómicos a inicios del siglo xx, se entendió que las teorías conocidas hasta el momento habían agotado su capacidad de explicar un sinnúmero de fenómenos.

La explicación de Planck sobre la radiación emitida por cuerpos calientes, la de Bohr sobre las radiaciones de los átomos de hidrógeno excitados, junto con la de Einstein sobre el efecto fotoeléctrico, pusieron en claro que a nivel atómico la energía no se distribuía de la misma manera que a nivel macroscópico. Los átomos y sus componentes tienen la facultad de absorber cantidades pequeñas de energía, llamadas "cuantos", que tienen sólo ciertos valores que dependen del sistema que se trate.

Asimismo, Bohr, Einstein, de Broglie, Schrödinger, Bragg y Thompson, entre otros, demostraron que las partículas se pueden comportar como ondas, y que la luz puede tener comportamiento de partícula.

Este cúmulo de conocimientos y sus implicaciones, son la base de la nanotecnología moderna, y conforman a la física cuántica. Aunque es necesarísimo para entender muchas ramas de la ingeniería, la física cuántica aún no ha sido integrada en los planes de estudio de esas carreras.

Cuando la dirección de la carrera de ingeniería física de la Universidad Autónoma de Ciudad Juárez decidió presentar el problema de la falta de académicos a las autoridades universitarias, fui invitado a participar. Además del director de la carrera y un servidor, se encontraban en la reunión el director del Instituto de Ingeniería y Tecnología y un representante de Rectoría.

- El problema -explicaba el director la carrera, es la falta de personal calificado. La mayoría de los profesores existentes están aún tratando de obtener títulos avanzados, pero no en física, sino en enseñanza de la ciencia o matemáticas. Para impartir cursos como física cuántica se necesitan físicos practicantes con experiencia en investigación. Supongo que cualquiera de nosotros podría repetir el contenido de algún libro en el salón de clases, pero no tendríamos la capacidad de ir más allá, o de entender el material a conciencia. Señores ustedes dicen que hacemos.

Antes que el director del instituto tuviera oportunidad de expresar ninguna idea, el representante de Rectoría se adelantó:

-¿Física cuántica? No veo cual sea el problema.

Desabotonándose la camisa sacó un pendiente que llevaba puesto, y dijo:

- Miren, este es un cristal de balance cuántico. Me lo recetó mi doctor de medicina cuántica. Desde hace tiempo la física cuántica ha sido integrada a la medicina tomando en cuenta las redes de energía vibratoria que nos llegan a través de los cuantos de energía. Desde que lo uso he estado en una resonancia de coherencia. Si quieren, le puedo preguntar a mi doctor si tiene tiempo para impartir la clase.

Sin saber si reír o llorar, me excusé de la reunión.

Radiestesia

A finales de la primera década del nuevo siglo se empezaron a concretar los planes para la creación de la Ciudad Universitaria de la Universidad Autónoma de Ciudad Juárez en el área llamada Ciudad del Conocimiento al sur de Ciudad Juárez, a escasos 15 kilómetros de la sierra de Samalayuca y sus médanos que 400 años habían atrapado a don Juan de Oñate.

Cubriendo una extensa zona de 1380 hectáreas, la Ciudad de Conocimiento albergaría instalaciones tanto de la UACJ, como de la Universidad Autónoma de Chihuahua, Tecnológico Regional de Ciudad Juárez, Colegio de la Frontera, Instituto Politécnico Nacional, Universidad Nacional Autónoma de México, y otras instituciones. Dado que el terreno principal sería el de la UACJ, ésta fue la primera que planificó la construcción de su campus.

El problema que tuvo Oñate en esa zona seguía latente, ¿dónde obtener agua para las instalaciones nuevas? En su momento dado, el comité encargado de la construcción tuvo a bien encarar tal problema.

El doctor en geología Oscar Dena, no siempre ha sido doctor ni geólogo. Oscar tuvo su primera carrera como marino en la navegación comercial. Después de graduar de la Heroica Escuela Naval Militar en el Heroico Puerto de Veracruz, Oscar tuvo a bien emplearse como ingeniero naval en buques de transporte que lo llevaron a Norte, Centro y Sud América, África, Europa, y al lejano y mediano oriente. Al cansarse de esa vida después de ocho años, Oscar regresó a El Paso del Norte e ingresó a la Universidad de Texas en El Paso (UTEP) obteniendo primero una maestría en física, seguida después por un doctorado en geofísica. Además de ser catedrático en la UACJ, el doctor Dena es consultor para la industria de la minería, como Peñoles, y diversas oficinas gubernamentales municipales y del estado de Chihuahua.

Su especialización en la UTEP fue en el área de inspección subterránea por medio de pulsos electromagnéticos. El equipo que se usa es, en términos neófitos, una antena de varios metros de longitud que emite ondas de radio hacia debajo de la superficie terrestre, y otra antena igual que se usa para la recepción de las ondas reflejadas por el subsuelo. Este tipo de "radar" utiliza antenas diversas dependiendo del tipo de material que se espera encontrar bajo la superficie. Tomando en cuenta su experiencia, la decisión de los directivos de pedirle a Oscar que hiciera una inspección del terreno de la futura Ciudad Universitaria fue la acertada.

-Oscar, queremos que por favor vayas y examines la zona. Queremos una inspección detallada que nos dé información de dónde están los mantos freáticos, cuántos hay, posible profundidad y volúmenes existentes. En fin, ya sabes, todo lo que tu equipo te pueda decir. Ya sabes que habrá un pago extra por tus servicios.

-Muy bien, -dijo Oscar. Tengo dos radares que puedo usar. Uno con orientación ortogonal para desacoplar las ondas emitidas de las recibidas, con pulsos de choque de 250 picosegundos para aguas semi-superficiales. Y otro más grande con dipolos de 24 pies y pulsos de 45 nanosegundos para aguas más profundas. Con estos no nada más puedo ver agua sino que también nos dirá si hay fallas y cavidades subterráneas. Si me permiten, me gustaría llevar a los chavos de mi grupo.

-Claro, -le contestó el directivo, ¡adelante!

Y antes de que Oscar pudiera agregar nada, el administrador le dijo:

-Ah, y también va a ir un varero.

Ante la imposibilidad de describir la reacción de Oscar ante tal información, prosigo a explicar lo inexplicable.

Los vareros son esos personajes míticos que utilizan una o dos varas delgadas en forma de "Y" o "L" para "sentir" la presencia de agua sub-superficial. En sí, la radiestesia no es exclusiva a la localización de agua, sino a la detección de estímulos electromagnéticos y cualquier otro tipo de radiaciones que algún cuerpo pudiera emitir.

Los vareros, estrictamente hablando, son practicantes de una variación de la radiestesia, la "rabdomancia" (del griego "*rhabdos*", vara, y "*manteia*", adivinación), que se enfoca a la detección por medio del uso de varas para "amplificar" las señales emitidas por los objetos, y que éstas puedan ser captadas más fácilmente por el operador.

Los vareros, que en la antigua España eran llamados "zahorí", tienen como función la de sostener las varas dejándolas lo suficientemente libres para que respondan con movimientos autónomos a la señales recibidas. Los zahoríes, radiestesistas o rabdomantes dicen poder detectar flujos magnéticos producidos por corrientes de agua, vetas de minerales, lagos subterráneos, etc. a cualquier profundidad. La eficacia del sistema depende tanto de la capacidad psicológicas del varero y la sensibilidad de las varas, como de la señales del medio ambiente.

El día de la inspección el doctor Dena llegó temprano a los terrenos de la futura Ciudad del conocimiento. Al estar bajando los instrumentos del camión donde los transportaba, el doctor vio aproximarse una nube de polvo causada por un ruinoso automóvil que le excedía en edad. Al bajarse del auto el conductor se presentó:

-Buenos días. Usted ha de ser el profe de la uni que viene a lo del agua, ¿sí?

-Oscar Dena para servirle, —le dijo Oscar extendiéndole la mano.

-Mucho gusto, yo soy el varero, —contestó saludándolo de mano sin darle su nombre.

Y el varero agregó

-Si me permite, me gustaría empezar yo primero para que sus aparatos no me perturben el campo.

-Claro maistro, —respondió Oscar. ¡Adelante!

Acto seguido el varero sacó dos varas y con ellas en la mano empezó a recorrer el terreno. Sin preguntar sobre los límites que tendría la Ciudad Universitaria, el varero se limitó a caminar unos cien metros de este a oeste y otros veinte de norte a sur. Después de unos pocos minutos regresó al auto y le gritó al doctor Dena:

-Ya acabé, profe. El terreno es suyo.

Apagando su cigarrillo, Oscar se acercó.

-¿Y? ¿Encontró agua?

-Sí. —contestó el varero. Poca, pero hay.

-¿Y dónde está? —preguntó Oscar

En respuesta el varero dio varios pasos a su alrededor y situándose de frente hacia el norte, extendió los brazos en forma de "V" y dijo:

-Mire, hay agua desde acá —apuntando con el brazo izquierdo hacia el noroeste, hasta acá —dirigiendo el brazo derecho hacia el noreste.

Atónito ante la escueta respuesta, Oscar reaccionó preguntando.

-Y hacia el norte ¿hasta dónde? ¿Hasta el aeropuerto? (unos 10 kilómetros el norte).

A lo que el varero contestó

-No, un poquito más pa'ca.

Y con eso terminó la inusual conversación entre dos prospectores de agua, uno que usaba tecnología cercana a la de don Juan de Oñate, y otro que se valía de medios tan modernos como los del laboratorio del doctor Mangetori.

En años posteriores a cuando sucedieron estas historias, la Universidad Autónoma de Ciudad Juárez consiguió profesores para los cursos avanzados de la carrera de ingeniería física y ha llegado a graduar a decenas de estudiantes que han seguido en estudios de posgrado o han ingresado al gremio de maestros pre-universitarios. Asimismo, la Ciudad Universitaria fue inaugurada en 2010 y siempre ha tenido suficiente cantidad de agua.

De los directivos que sugirieron la contratación de un médico cuántico para la impartición de física cuántica, y de un varero para la localización de mantos acuíferos en la ciudad universitaria, no se sabe nada.

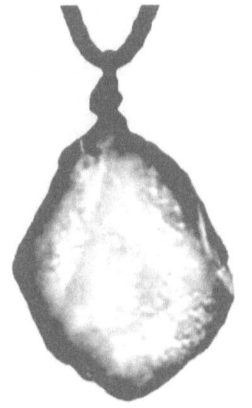

LA SANTA FE

En Noviembre de 2012 el Dr. López estaba disfrutando de uno de sus múltiples paréntesis en su quehacer científico en el Departamento de Física de la Universidad de Texas en El Paso cuando recibió una llamada.

Noviembre de 2012

-¡Pájaro! ¿Qué onda? Soy Jesu.

Jesús Moreno era un amigo de juventud del doctor López, quien conocía al doctor por su apodo de "Pájaro", en honor al Pajarito Moreno, un boxeador famoso de la década de los 60s.

-¡Quiubo Jesu! Qué milagro.

-Te hablo para una consulta profesional. ¿Te acuerdas del asunto del agua?

Desde unos pocos años atrás, Jesús había estado invirtiendo tiempo y dinero en una empresa naciente dedicada a la construcción de filtros de agua. Los filtros, si es que se les pudiera llamar así, habían sido idea de Luis, el cuñado de Jesús (apodado el Ciro Peraloca, por aquello de los inventos), y eran un ejemplo de practicidad, de acuerdo a la definición que Einstein le daba a esta palabra: "la práctica es cuando todo funciona y nadie sabe por qué.

De acuerdo a Jesús y colegas, colocados en una tubería de agua, los filtros lograban limpiar, desinfectar y desintoxicar el agua sin tener ningún elemento activo, es decir, el filtro no tenía filtro, ni fuente de potencia, ni partes movibles, ni nada. Era simplemente un conducto de agua que hacía que el líquido pasara por un camino sinuoso. Según Jesús, su eficiencia había sido avalada por científicos del Centro de Investigaciones Avanzadas (Cinvestav) del Instituto Politécnico Nacional.

Anecdóticamente se decía, por ejemplo, que en el Cinvestav, Jesús y compañía habían mostrado el filtro, explicado su funcionamiento y pedido les analizaran el agua filtrada que habían llevado. Incapaces de entender como tal conductor de agua podría tener algún efecto sobre el agua, el personal del Cinvestav se había negado a revisarlo. Pero para la sorpresa de los investigadores, los socios de Jesús, que esperaban afuera del CInvestav, habían conectado un filtro a una fuente decorativa de un jardín haciendo desaparecer el eterno moho de la pileta. Como milagro de Jesús (el Nazareno), los conversos técnicos del Cinvestav accedieron a realizar el examen encontrando resultados maravillosos: eliminación casi total de cloro, metales, compuestos orgánicos como e-coli, y otras impurezas.

-Claro que me acuerdo, Jesu. —Contestó el doctor Pájaro. Todavía tengo el filtro que me diste pero no lo he estudiado por falta de tiempo.

-Bueno, pues ahora nos vamos a lanzar a producir motores eléctricos. —Dijo el inversionista Moreno lleno de orgullo.

-Ah caray, esas son palabras mayores. —Y tras una pausa, el catedrático agregó. ¿Y qué tiene que ver eso con el agua?

-Pues que es otro diseño de mi cuñado y está basado en el mismo principio. —Afirmó Jesús.

-¿Principio? ¿Hay algún principio en lo del agua? —inquirió dudoso el científico.

-¡Pues yo no sé! Dice mi cuñado que sí. —Respondió el cuñado del cuñado, y agregó. Pero el motivo por el que te llamo es que le queremos meter lana al asunto pero no estamos seguros que funcione o que valga la pena. Y pues queremos que tú –que todo lo sabes—le eches un ojo y nos digas si conviene invertirle o no.

-Yo no sé mucho de motores, Jesu. —dijo el profesor escudándose en la apología que usan los académicos para establecer modestia y "curarse en salud".

-¡Claro que sabes! Aparte te vamos a pagar, los batos con los que ando tienen mucha lana, y te vamos a mandar por avión, te pagamos el hotel, comidas, todo. —Exclamó gustoso el señor Moreno, satisfecho de sentir que su llamada estaba a punto de tener éxito.

-¿Viaje? ¿A dónde? ¿Cuándo? Yo todavía estoy en clases. Aparte no es necesario que me pagues —afirmó mintiéndose a sí mismo el profesor Von Bird (otro de sus apodos).

-A Santa Fe. —Dijo concluyendo Jesús.

Diciembre de 2012

Re-encontramos a los protagonistas de la historia, Jesús Moreno y el doctor López, viajando en la vetusta camioneta del profesor por la interestatal 25 yendo de El Paso hacia Santa Fe, Nuevo México, a la altura del pueblo ridículamente llamado *Truth or Consequences* (debido a un programa de concursos de televisión de los 60s).

-Pues qué bueno que no nos cobraste, Chájaro (variación de Pájaro). —Le decía Jesús al doc. Al final no se pudo conseguir la lana, y ya ves, ni para el avión tuvimos.

-Sí, pero ya ni la chiflan. —Se quejaba el que manejaba. ¡Hasta tuve que poner mi carro! Y luego que ya está bien viejito, a ver si llega. De perdida me pagan la gasolina ¿no?

-Sí, sí, claro. Te dije que no pagaras con tu tarjeta, pero te me adelantaste. —Explicaba el señor Moreno (que, irónicamente, era rubio).

-Y, ¿cómo estaba eso que los motores estaban basados en el mismo principio que el agua? —Preguntó el maestro.

-Pues no sé bien, son rollos de mi cuñado. —Explicó Jesu, como le llamaban sus amigos de la infancia. Tiene que ver con el diseño de los filtros, los dibujitos esos que tiene por dentro. Ahora que regresemos a El Paso vamos para que él te lo explique.

Después de 2 horas de viaje, la pareja de viejos amigos viejos recogía en el aeropuerto de Albuquerque a Ricardo, uno de los inversionistas tijuanenses amigo y socio de Jesús.

-Espero que mi secretaria haya hecho las reservaciones del hotel. —Dijo el recién llegado. Creo que estaba teniendo problemas en conseguir un cuarto con tres camas individuales.

Antes de que López pudiera protestar, Ricardo aclaró

-¡No se crean! Es una broma, tenemos cuartos separados.

Después de cenar el trío se puso de acuerdo para encontrarse en el vestíbulo del hotel Wyndham a las 7:30 de la madrugada para completar el viaje a la fábrica en Santa Fe.

Santa Fe

La "fábrica" como le llamaban, no era tal. Situada en el área exclusiva Rancho de la Golondrinas, a unas diez millas del límite sur del pueblo fundado por don Juan de Oñate, el local era una mansión de lujo en un terreno de una hectárea, y con un taller en uno de los garajes. Su dueño e inquilino era el "Inge", como le apodaban, quien vivía ahí con su esposa y con un cerdo de mascota. El Inge era un estadounidense que estudió –pero no graduó- de ingeniería eléctrica en la UTEP (donde conoció al cuñado de Jesús), y que había adquirido experiencia en diseño y construcción de motores trabajando en una compañía de Massachusetts.

> -Nice to meet you, doctor Loupz! —Expresó el Inge al ser presentado con el profesor López. Su fama le precede; no todo mundo se atreve a criticar a Einstein en público. —Añadió.

La referencia a la presentación en la que el doctor López criticaba al genio del siglo XX y que almacenaba en su página académica de internet, le dio hizo entender al profesor que el Inge había revisado su historial antes de la visita.

Y con un "Nice to have you all here", el Inge le dio la bienvenida al nuevo y antiguos conocidos, invitándolos a pasar a la sala en compañía del marrano.

-El plan, if you allow me. —Dijo el norteamericano. Será primero una presentación del trabajo realizado con el motor, su funcionamiento, etcétera, para después comer el lunch a mediodía, y en la tarde ver los diseños nuevos de los filtros de agua.

-Pero antes. —Sacando unos papeles del escritorio. Agregó:

-Excuse me doctor Loupz, pero necesito pedirle que me firme estos documentos en los que se compromete a no divulgar nada de lo que hoy observe en mi taller. —Le pidió el Inge al Pájaro López.

El generador

Después de la firma. El grupo se retiró al taller. Poco sabía el doctor López del tan mentado motor, pero lo que sabía era suficiente para saber que había truco en la jugada. La escasa información que Jesús le había podido dar a su amigo, era que se trataba de un motor eléctrico que movía a un generador de electricidad que era tan –pero tan— potente, que –según su creador— una vez que empezaba a funcionar generaba suficiente energía para alimentarse al mismo motor que lo movía, y a varios aparatos más.

Los aparatos de perpetuum mobile (movimiento perpetuo) son aquellos que una vez que empiezan a funcionar, pueden continuar haciéndolo sin necesidad de energía externa adicional. La investigación de estas máquinas data desde la Edad Media, y se sabe que hasta el mismo Leonardo da Vinci participó en desenmascarar tales engaños. No fue sino hasta los 1800s cuando las teorías modernas de la física demostraron que los *perpetuum mobile* no pueden existir, debido a que la generación espontánea de trabajo es una violación a la ley de conservación de energía. A la fecha, la oficina de patentes de los Estados Unidos tiene una lista de más de 600 de estos aparatos fallidos.

Así pues, sin necesidad de examinar el motor mágico, el doctor López sabía de antemano que no podía ser real. Asimismo, sabía que el Inge, o era un charlatán o era un ingenuo profesante de la Santa Fe de la energía libre. Y sí, en caso de que el Inge supiera suficiente termodinámica, al presentar el generador como real estaría participando en un engaño. Pero en caso de no conocer la ley de conservación de energía, podría darse el caso que estuviera actuando de buena fe, cayendo así al nivel de ocultistas creyentes de fuentes de energía inagotable. Aun así, el profe tenía que hacer su trabajo y revisar el equipo para después poder explicarles a los frustrados inversionistas en ciernes en qué consistía el engaño.

-Doctor Loupz, let me show you my baby. —Dijo el Inge mostrándole un armatoste intrigante.

En sí, el aparato estaba compuesto de un motor eléctrico que hacía rotar a un disco frente a unos imanes, movimiento que lograba inducir una corriente eléctrica que era extraída del disco y se usaba para alimentar a una secuencia e focos.

Cuando un campo magnético, como el producido por un imán, varía en alguna región del espacio, genera un voltaje. Si en tal región se encontrase un conductor, ese voltaje produciría una corriente eléctrica en el conductor. La variación del campo magnético en la zona del conductor se puede dar si el imán se mueve respecto al conductor, o si el conductor se mueve respecto al imán, o ambos se mueven en relación uno al otro. En caso del generador del Inge, el conductor rotaba frente al campo magnético producido por los imanes induciendo una corriente en el disco.

Al entender que el generador era, prácticamente, una variación del generador homopolar inventado por Michael Faraday –descubridor de la inducción en 1831—, López quedó sorprendido por la falta de innovación.

> -Look, doc. —Decía el Inge al estupefacto profesor. Deje conecto la electricidad generada a esta serie de focos, y le enseño lo que pasa con la resistencia.

Tras encender varios focos, y conectar un medidor de resistencia eléctrica, agregaba.

-Vea como la resistencia disminuye. —Señalaba mientras conectaba el óhmetro a diversas partes del circuito.

Sin decir ni media palabra, el profesor se limitaba a asentir con la cabeza.

La resistencia es la oposición natural que tienen los conductores al flujo de electricidad. La resistencia de un conductor es fija y depende del tipo de material, la temperatura del conductor y de su geometría; el hecho que la resistencia disminuyera podría constituir un fenómeno nuevo.

La resistencia se puede medir con un óhmetro, que consiste de un circuito simple en el que una batería de voltaje conocido hace pasar una corriente por un conductor mientras mide la corriente producida. Dado que la ley de Ohm establece que la relación entre el voltaje (V), la corriente (I) y la resistencia (R) es $V = IR$, es posible determinar la resistencia del conductor conociendo el voltaje y la corriente.

-Lo que está tratando de hacer este Inge no tiene sentido. —Pensó López. El medir la resistencia mientras la corriente está alimentando los focos le hace pensar al óhmetro que está generando mucha corriente para el voltaje que usa, resultando en una resistencia artificialmente pequeña; este Inge no sabe que no debe medir resistencias en circuitos en operación, al menos no con un óhmetro de ese tipo.

Recordando que el generador supuestamente debería generar más energía que la que necesitaba para operar, el doctor López rompió el silencio para, como se dice en términos taurino, clavar la puntilla.

-Mmmm... Oiga Inge, ¿y podría desconectar el motor de la electricidad de la casa y conectarlo a la que produce el generador?

El Inge empezó a balbuceando decenas de explicaciones al mismo tiempo para formar una larga letanía de sinsentidos, y concluyó:

-Sorry, pero no es posible en este momento. Claro que sí lo he hecho, pero me falta el Carburex (lector: introduzca aquí cualquier palabra rara que se le venga en mente. Yo piratearé a Cantinflas).

Convencido el doctor Pájaro que no había más que ver, le pidió al Inge que prosiguiera con su exhibición. Acto seguido, el Inge sacó una barra de plata de su caja fuerte y la acercó al generador sosteniéndola por varios minutos, para después hacer que el doctor López la tocara para verificar su temperatura. Repitiendo el ejercicio con una barra de plomo hizo notar que una se calentaba más que la otra.

-Did you notice? Esto me dice que el fenómeno no es paramagnético. Sospecho que el exceso de energía viene del vacío y está siendo extraído por medio de la creación de solitones.

-¿Solitones? —Preguntó extrañado el físico nuclear.

-Sí. Sabe, el truco está en el diseño del disco. —Y parando el disco giratorio, procedió a señalar que el disco tenía unos dibujos resaltados en forma elipsoidal que habían sido maquinados sobre la superficie del disco. Me parece que es la interacción del campo magnético con estos cortes lo que produce los solitones. Pero eso puede esperar hasta la hora del café, ahora pasemos al lunch.

El lunch

Aunque se sirvió alrededor de la 1:00 PM, con un asado como plato fuerte, con una guarnición de ejotes, y con vinos de la zona, el almuerzo más bien parecía cena formal. Al final, una variedad de postres se ofrecieron con café fuerte.

Con el chancho paseándose entre los comensales, el Inge empezó a explicar la extracción de la energía del vacío.

-Doctor Loupz, siendo usted físico no tengo que explicar mucho. —Inició el Inge.

-El espacio que nos rodea está lleno de energía, una energía que no vemos. —Y agregó. Esta energía del vacío está ahí, en todos lados, y es infinita. El problema consiste tan sólo en extraerla. Como usted sabe, esta energía se hace presente en el efecto Casimir, y lo único que tenemos que hacer nosotros es aprender a extraerla.

La referencia a un fenómeno físico real, sorprendió al profesor.

En efecto, el vacío tiene la capacidad de tener fluctuaciones de energía que se pueden manifestar creando partículas que nacen de la nada, y desaparecen de igual manera en tiempos infinitésimamente pequeños. Estas partículas, llamadas virtuales, pueden interactuar con, por ejemplo, un par de placas paralelas con una distancia pequeña entre ellas produciendo una atracción entre las placas; fenómeno conocido como efecto Casimir, en honor al físico holandés que lo predijo en 1948.

Más intrigado que nunca, López afinó la atención para detectar el inminente brinco en la lógica que se veía venir.

-Para bombear esa energía es necesario concentrarla. —Prosiguió el Inge. Y esto se logra forzando a la materia a ocupar un espacio infinitésimamente pequeño, es decir, hay que formar una singularidad que cobre vida propia.

-Tell me more. ¿Qué significa vida propia? —Preguntó el físico sospechando el inicio del truco.

-¡Un solitón! —Respondió el Inge, contento de ver que el académico seguía la conversación. Pero no cualquier solitón, sino un solitón topológico, uno que sea estable debido a restricciones topológicas.

Ante la solidez de los argumentos, López volvió a inquirir:

-Y ¿cuáles serían esas restricciones topológicas?

-Ah, ese es el truco. —Exclamó gustoso el Inge, y añadió. Y ahí es donde entra mi solicitud de patente, bueno mía y de Ciro Peraloca, a él se le ocurrió y yo fui el que la implementé. No le voy a decir el secreto, solamente le diré que tiene que ver con el diseño de la placa del disco que le mostré. Ese diseño, que responde a una geometría universal, es el responsable de la formación de solitones y la producción de energía libre. En cuanto entremos en producción, con la inversión de los socios aquí presentes, podremos liberar al mundo del yugo de las petroleras que tanto daño han causado a la humanidad y al medio ambiente.

Una vez encarrerado, el Inge se tomó el resto del tiempo para exponer sus planes para un mundo mejor, para limpiar al planeta, formar una sociedad más tecnológica, y –eventualmente– aceptar humildemente el premio Nobel de la Paz.

Los filtros

Ante tal positivismo y el nutrido cambalache de ideas durante el café, Jesús y Ricardo entusiasmados intercambiaban miradas con el profesor tratando de anticipar su aprobación sobre el proyecto presentado. Por su parte, el miembro de la Academia de Ciencia Mexicana, aún admirado por la cantidad de conceptos físicos que el Inge manejaba de manera sensata para justificar un invento insensato, se disponía oír otra explicación incompleta sobre el funcionamiento de los filtros.

-El agua de los ríos se lava a sí misma al serpentear en los meandros. —Explicaba el Inge con la confianza de haber convencido a su audiencia de lo correcto de sus teorías y del éxito de sus propuestas. Y añadía: Más no se lava en las tuberías rectilíneas que usamos en nuestra plomería. Pero si hacemos pasar el agua por conductos con la misma geometría de los meandros, el agua se revitalizara limpiándose de toda impureza, orgánica o no.

-Y por supuesto esa geometría es similar a la usada en el disco del generador ¿o no? —Preguntaba el exhausto López.

-Claro. —Respondió el estadounidense. No es un secreto que los incas y los mongoles, los de la antigua Creta y del Tíbet, ya sabían del poder de los vórtices del agua. Si la dejas fluir de manera natural serás testigo de verdaderos milagros. Y el diseño de los filtros ayuda a que se dé ese flujo natural.

-Y por supuesto, el diseño de los filtros está patentado y no nos podrá explicar de dónde salió. —Dijo López cerrando la conversación.

Después de despedirse un poco a la carrera por tener que ir a recoger al segundo inversionista que llegaba al aeropuerto de Albuquerque, el grupo quedó de volver al día siguiente para firmar los compromisos de inversión. Durante el trayecto de regreso, el *Fellow* de la Sociedad Americana de Física no quiso compartir con sus acompañantes ninguna de sus impresiones. Después de recoger a Manuel, se quedaron de ver en el lobby del hotel para ir a cenar y brindar por la ocasión.

-Mmm, a mí me van a disculpar, pero necesito confirmar algunas cosas antes de darles mi dictamen. —Expuso López. Mejor nos vemos en el desayuno. —Dijo despidiéndose.

Y encerrado en su cuarto de hotel, buscando información en el internet y redactando arduamente un reporte, pasó las horas, yéndose a la cama alrededor de las dos de la madrugada. En la mañana se esperó hasta que los cuatro terminaran el desayuno para darles las malas nuevas.

-Pues les tengo malas noticias. —Dijo. El generador no tiene nada de novedoso, en realidad fue de los primeros que se inventaron, en los que no dan vuelta los imanes sino el disco. El que nos mostró el Inge no tenía recubierta exterior, por lo general los motores tienen una armadura que les sirve de soporte pero que induce corrientes de Eddie que son pérdidas; en este caso no habría tales pérdidas, aunque no sé cómo se usaría pues no sería práctico tener el motor al descubierto. Pero lo peor de todo es que no genera más energía de la que consume. Lo que el Inge usó como demostración fueron unas mediciones de resistencia que no tienen sentido.

Y mostrándoles una página de internet en la computadora, les dijo:

-Y encima de todo eso, el diseño no es original, el modelo es casi igual que este que encontré en la lista de aparatos fallidos de movimiento perpetuo en la página de patentes; es el modelo 221.

Una avalancha de sentimientos inundó a los frustrados inversionistas. De la desilusión por el fallido negocio, pasaron al alivio al sentirse rescatados en el último minuto, y luego al agradecimiento hacia el doctor López por haberlos salvado de lo que hubiera sido un error. Ricardo con una inversión de 500,000 dólares hubiera perdido mucho menos que Manuel quien llevaba la encomienda de sus socios de invertir 5 millones de dólares. Desgraciadamente ninguno pensó en recompensar al catedrático por sus esfuerzos.

El Paso del Norte

Jesús se encargó de agradecerle a su amigo el Pájaro su tiempo, su análisis, el uso de su vehículo y la gasolina gastada, invitándolo a comer en Ciudad Juárez en compañía de su cuñado Luis, el ya famoso Ciro Peraloca.

Degustando un plato de tuetanitos, el Pájaro comenta:

-¿¡Qué salvada. No!? —Y pregunta: ¿Y cómo conociste al gringo, Luis?

-En la UTEP, ambos estudiábamos ingeniería pero yo sí terminé, él no. —Respondió el de las ideas. Lo conocí antes que se fuera al norte, y luego empezamos a colaborar hasta que sacamos el proyecto de los filtros. Y ahora pues andamos con lo de los motores, pero ya veo que no se va a dar.

-¿Y cómo se te ocurrió lo de los filtros y el diseño de los discos del generador? —Preguntó López tratando de una vez por todas aclarar sus dudas.

-Pues el agua tiene vida. —Inició el señor Peraloca. Vida que se extingue si no se le permite...

-¡Perate! —Dijo López interrumpiendo a la usanza norteña. Al gringo no pude decírselo, pero aquí entre amigos te digo que nada de eso tiene sentido. Si limpias al agua es por un proceso físico o químico, y lo que te pregunto es que me digas si sabes cuál es.

-Pues sí, te lo estoy tratando de explicar. —Afirmó Luis. Es simple biomimesis.

-¿Biomi – qué? —Exclamó López.

-Biomimesis, pura biomimética, —añadió el ingeniero. Es emular a la naturaleza. Esto data de principios de los 1930s. El naturalista e inventor austriaco Viktor Schauberger descubrió el ciclo de vida del agua, y desarrolló la teoría de los vórtices que siguen los flujos de agua naturales, los campos eléctricos y magnéticos, los...

E interrumpiendo de nuevo, López dijo:

-Ah, ya veo, y de ahí vienen los dibujitos esos de los filtros y del generador ¿no? —Preguntó burlonamente el Pajarraco.

-No digas más, —añadió. Eso no es ciencia, es cosa de fe, de la Santa Fe.

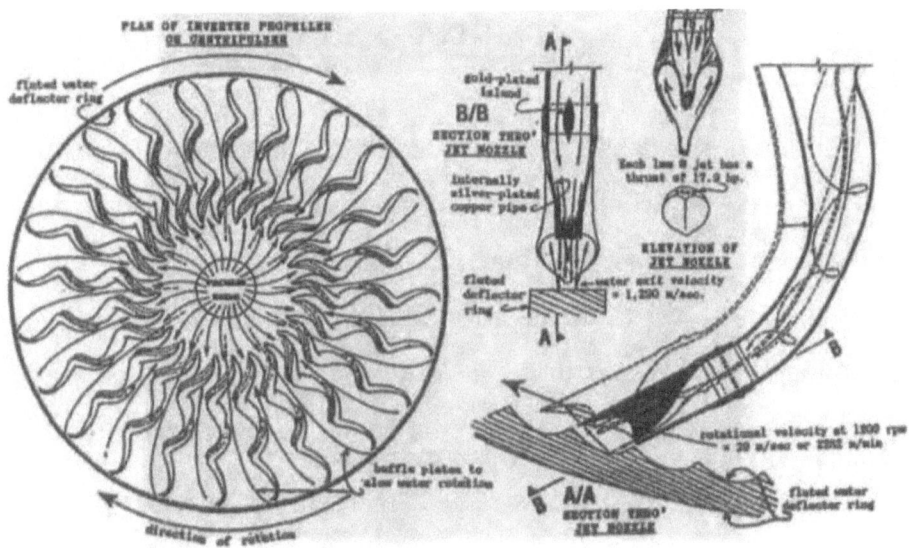

EPÍLOGO

Más allá de lo que puedan tener de cómicas estas tragicomedias reales aquí descritas con narraciones ficticias, la situación actual sigue siendo triste. Y aunque la zona de El Paso del Norte fue usada como hilo conductor de estas historias, el choque cultural entre la ciencia y el pensamiento popular existe prácticamente en todo México.

Las consecuencias de nuestra idiosincrasia están a la vista de quien lo quiera ver. Como pueblo hemos tomado leche radiactiva, nos hemos inyectado veneno de ranas de Brasil, gastado millones comprando "detectores moleculares" inservibles (otro ejemplo de rabdomancia), erosionado bosques, regalado bancos, quemado a decenas de niños en guarderías mal diseñadas, creado escuelas de medicina homeopática, construido casas con varillas radiactivas, contaminado ríos y playas, sufrido pandemias imaginarias, inundado ciudades a propósito, matado a miles en colapsos de edificios en terremotos, matado mineros, agotado acuíferos, explotado San Juanicos, usado horarios de verano inútiles, inundado el golfo de petróleo. Y todo esto tan sólo por no saber cómo pensar.

Extendiendo el alcance del análisis al poderoso país del norte, podemos ver que la cultura anti-ciencia se ha desarrollado en los años recientes. Ejemplo de ello son los terraplanistas, los que niegan los avances espaciales, los ovniólogos, los anti-vacunas, la proliferación de medicinas alternativas, las invasiones extraterrestres en sus múltiples re-encarnaciones, etcétera.

Desgraciadamente, como se narró en historia de La Santa Fe, una modalidad nueva del pensamiento anti-científico de El Paso del Norte (y del resto del mundo) está siendo reforzada con la ayuda del internet. Estos incidentes de pseudociencia, en los que la ciencia se mezcla de manera casi imperceptible con el pensamiento mágico, requieren de explicación aparte.

Pseudociencia, Tesla y Schauberger

La pseudociencia tiene una historia repleta de episodios. Para entenderla hay que empezar en el siglo XIX cuando la gente del mundo occidental empezó a creer que existía un mundo invisible alterno al nuestro. Tal creencia se inició con el movimiento espiritista de 1800 que postuló que las almas de los muertos pululaban por doquier de manera invisible, seguido por el descubrimiento de ondas de radio en 1888 y de los invisibles rayos X en 1895, así como por la postulación en 1893 por Freud de la existencia de un yo interno invisible. Todo eso predispuso a la sociedad a creer en cosas que no existen pero que parecieran ser plausibles.

Nacidos en tal trasfondo, estudiosos como Schauberger y Tesla, entre otros, detectaron simetrías en el mundo y trataron de extraer leyes universales de sus observaciones. Mientras Tesla veía ondas por todos lados, Schauberger veía remolinos. Hábiles manualmente, ambos tuvieron éxito en sus profesiones, desarrollando instrumentos que lograron patentar. Pero no fue ahí donde incurrieron en sus faltas, sino en tratar de extender sus logros más allá de lo debido.

Tesla

Tesla, nacido en 1856, tuvo éxito al desarrollar comercialmente los generadores de electricidad de corriente alterna, especialmente si se toma en cuenta que lo hizo contra la voluntad del autoritario Edison; pero su óbito no se debió a eso, sino a su falta de conocimiento de la teoría electromagnética. Toda corriente eléctrica produce campos magnéticos en su vecindad, si la corriente cambia de dirección, también lo hará el campo magnético, y esa variación a su vez inducirá un voltaje en el área circunvecina. Si el fenómeno es amplificado conectando, por ejemplo, los alambres en forma de bobina, ciertos aparatos eléctricos, como los focos, podrían encender sin estar conectados a la electricidad.

Para lograr transmitir energía eléctrica de esa manera a toda una ciudad, Tesla pensó en construir una bobina gigante, del tamaño de un edificio, sin anticipar los problemas que crearía. Construyó la primera torre en Colorado en 1891 logrando, no lo que ambicionaba, sino que hubiera grandes y peligrosas descargas eléctricas hacia la base de la torre. No obstante su fracaso, Tesla consiguió financiamiento para una segunda torre que instaló en

Nueva York en 1901, para un proyecto más ambicioso. Al darse cuenta de la capacidad de absorción eléctrica de la tierra, Tesla pensó en usar al planeta como conductor para distribuir electricidad en todo el planeta. Desgraciadamente tal proyecto, llamado ostentosamente "Sistema inalámbrico mundial", dependía de la existencia de una frecuencia de resonancia del planeta (¿¡!?) que, por supuesto, existía tan sólo en la resonante mente del ingeniero croata. Sus fracasos condenaron a Tesla al olvido y la bancarrota, olvido que se mantuvo –claro— hasta el advenimiento del internet, medio por el cual se ha convertido en un héroe sin gloria, ahora reverenciado por hordas de seguidores.

Schauberger

El caso de Viktor Schauberger es parecido. Nacido en Austria en 1885 en una familia encargada del cuidado de bosques en los Alpes, se especializó en el transporte de troncos por canaletas, e ingeniería de aguas, obteniendo su primera patente por el diseño de una turbina en 1929. En los 1930s trató de obtener energía eléctrica directamente del agua basándose en experimentos de Lord Kelvin, inventó una manera de limpiar agua, y diseño una turbina basado en el movimiento de las truchas en los ríos. En esos mismos años trabajó para Hitler y fue miembro del Waffen Schutzstaffel (SS) alemán, y entre 1940 y 1944 diseñó el *Repulsine*, un platillo volador que no funcionó. Al terminarse la guerra diseñó el acondicionador de aire *Klimator*, generadores personales de energía eléctrica, y volvió su atención al campo. Un último esfuerzo lo llevó a Texas en 1958, mismo año en que murió, a tratar de hacer levitar su *Repulsine* sin ningún éxito.

Visto de lejos, la vida de Viktor Schauberger sería, lo menos, interesante, y, lo más, medianamente exitosa, pero lo que la separa de los miles de investigadores de la época es que todos sus inventos estaban basados en una creencia filosófica: que el agua tiene vida. Schauberger puso en claro su vena humanista desde su publicación en 1933 de *Unsere Sinnlose Arbeit*, ("Nuestro trabajo sin sentido"), en el que afirmaba que la revelación del "secreto de agua" pondría fin a la especulación, excesos, guerras, odios y desacuerdos de todo tipo, y terminaría con monopolios y dominaciones, dando inicio a un socialismo derivado de un individualismo perfecto.

Tomado de manera literal, ese enunciado último le aseguraría a Herr Schauberger un lugar de por vida en algún manicomio, mas sin embargo, él tenía razones de peso para pensar así. El trabajo útil se hace con movimiento de las partes, el movimiento siempre obedece a fuerzas de atracción o repulsión, las cuales son creadas con presión tanto de agua, como de vapor o de algún gas, y —argumentando insensateces relacionadas con una supuesta polaridad de la naturaleza, fuerzas etéricas resultantes del nacimiento de la tierra y el sol, etcétera— creía que esas presiones deberían ser producidas por fuerzas centrífugas para evitar fricción. Para crear las fuerzas centrífugas Schauberger proponía como mecanismo el movimiento del agua en un vórtice, el cual creía que era "el programa de la naturaleza para generar energía".

Así pues, basado en ese cúmulo de falacias, Herr Viktor creía que la geometría de los vórtices le indicaba cómo deberían de estar situados los canales del agua en sus filtros de agua, qué camino deberían tener las entradas de aire de su *Repulsine* para maximizar alzamiento, y qué formas guiarían a los campos electromagnéticos para que los generadores eléctricos produjeran más energía de la que consumían. En sí, Schauberger estaba tratando de emular el movimiento del agua en ríos y torbellinos, es decir, quería usar el "secreto del agua" para extraer energía de manera gratuita.

Como en el caso de Tesla, el juicio de la historia fue implacable con Schauberger. Aunque sus filtros en forma de conos hiperbólicos gigantes fueron instalados por su hijo Walter en Hamburgo en 1967, nunca fueron usados y al final se usaron simplemente como enormes jardineras. Sus demás inventos corrieron con suerte parecida, siendo la excepción del cono hiperbólico que se usa como productor de vórtices para airear el agua de piletas.

A pesar de todo esto, una búsqueda en Google de "Schauberger" da como resultado más de medio millón de resultados. Por algún motivo, al igual que en el caso del ingeniero croata, el inventor austriaco ha sido resucitado por el internet, aunque, en este caso hay que aclarar que Viktor Schauberger no murió fracasado como Tesla, y su legado fue continuado por su hijo Walter, su publicación *"Implosion"*, y sus libros.

En conclusión

Como se puede ver, el choque de pensamientos puede causar situaciones difíciles de comprender. En particular el entendimiento de la pseudociencia requiere de un conocimiento amplio de la ciencia para separar los hechos avalados por la evidencia científica de aquellos creados por mitos o creencias filosóficas.

Afortunadamente, no todo son malas noticias. Basta con mirar alrededor de uno para darse cuenta que la ciencia y la tecnología progresan a un paso vertiginoso. Lo mismo sucede con la formación de científicos en ambas fronteras de El Paso del Norte; el doctor Oscar Dena, de la historia La universidad de El Paso del Norte, es un ejemplo palpable de los esfuerzos locales en nuestra querida región.

En lo personal, en mi carrera académica que inició en 1990, he supervisado alrededor de cincuenta tesis de licenciatura, maestría y doctorado. De mis estudiantes podría (y tendría) que escribir un libro con las miles de anécdotas, pero aquí me limito a un resumen casi estadístico.

Estudiantes con lo que he colaborado ahora son investigadores en industrias tales como Apple, Intel, KLA-Tencor, Raytheon, etc.

Otros laboran en universidades como la Benemérita Universidad Autónoma de Puebla, Bradley University, El Paso Community College, Oklahoma State University, Queensborough Community College, UTEP, UACJ, Universidad de Colima, Universidad de Guadalajara, etc. Algunos han realizados estancias postdoctorales y de investigación en instituciones de prestigio y laboratorios nacionales como Argonne National Lab., Harvard University, Jet Propulsion Lab, Lawrence Berkeley Lab, Oak Ridge National Lab, LIGO, etc. Muchos han continuado sus estudios en instituciones prestigiosas como Caltech, College of William and Mary, New Mexico State University, Texas A&M University, University of Houston, University of New Mexico, University of Texas at Austin, University of Washington, y muchas instituciones más.

Cierro estás historias esperanzado a que éstas se queden en el pasado, y que los esfuerzos en pro de una educación científica en El Paso del Norte sigan rindiendo frutos. En conclusión, parecería que no todo anda mal en El Paso del Norte, o ¿usted qué cree, estimado lector?

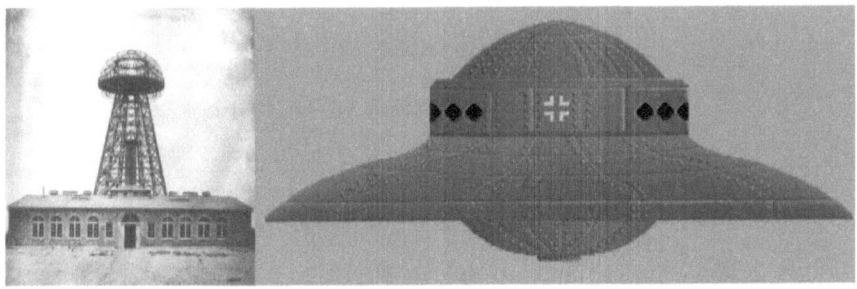

SOBRE EL AUTOR

Jorge Alberto López Gallardo nació en Monterrey Nuevo León, México pero a la edad de dos años comprendió que su lugar estaba en El Paso del Norte y se mudó a la frontera.

En Ciudad Juárez, Chihuahua, México completó sus estudios básicos. Fue expulsado del colegio en 5to año de primaria, casi fue expulsado en 3ero de secundaria, y fue expulsado en 2do semestre de sus estudios de ingeniería por participar en una huelga estudiantil. Al no poder continuar sus estudios en Ciudad Juárez se inscribió en la Universidad de Texas en El Paso (UTEP), pero cambió de ingeniería a física.

Al terminar, y como es difícil encontrar empleo en México con un título de licenciado en física, no tuvo más remedio que sacar una maestría y, como es igualmente difícil conseguir empleo en México con una maestría, se vio obligado a seguir con estudios de doctorado. Antes de irse al doctorado convenció a una chica linda e inocente que se uniera a él en matrimonio.

El doctorado lo estudió en la universidad Texas A&M (TAMU) en el aburrido pueblo de College Station, dónde la diversión de fin de semana era ir a las ventas de garage, y quemar unos 8000 troncos de pinos cada otoño como ritual antes de un juego de futbol americano. Su vida se puso interesante al empezar a estudiar física nuclear en el ciclotrón de TAMU, pues empezó a hacer física de frontera, a viajar a escuelas de verano, talleres y conferencias. Sus experiencias repartiendo volantes en camiones durante la fatídica huelga estudiantil mejoraron sus habilidades de hablar en público, y pronto se estableció como uno de los mejores estudiantes de su generación.

Terminó su doctorado en agosto de 1985 obteniendo el premio de la mejor tesis del año de toda la universidad. Acto seguido, se fue como investigador postdoctoral al Instituto Niels Bohr en Copenhague, Dinamarca en septiembre de 1985. Desgraciadamente su tesis fue rechazada por haber escrito "Chihuaua" en su vita, y debido a que tuvo que hacer esa corrección su título fue otorgado en mayo de 1986. Su tesis no pudo ser publicada debido a que nadie creía en sus resultados, por lo que hubo una sesión especial en 1986 en Pittsburg para discutir la infame "Conjetura de López". En Marzo de 1987 tuvo una hija en Dinamarca.

En septiembre de 1987 fue contratado como investigador postdoctoral por el Laboratorio Lawrence Berkeley en Berkeley, California. Ahí tuvo un hijo que nació en Oakland California en 1988. Consiguió trabajo de profesor asistente en CalPoly State University en San Luis Obispo, pero renunció a los 9 meses para aceptar empleo en su alma mater en 1990. En la UTEP pasó a profesor asociado en 1994, y a profesor en 1999. Fue decano asociado del colegio de ciencias de 1998 a 2001, director del departamento de física de 2001 a 2008.

Sus investigaciones han sido en el área de física nuclear, materials (espectroscopia), astrofísica, educación (a todos niveles desde pre-escolar hasta universidad). Ha publicado más de 100 artículos científicos y de divulgación, un libro de nuclear, otro de espectroscopia, cuatro de análisis de datos electorales en México, y ha editado dos libros más. Ha presentado sus investigaciones en Alemania, Argentina, Brasil, Chile, China, Colombia, Dinamarca, Estados Unidos, Hungría, Italia, Japón, México, Noruega, Rusia, Suecia, y Venezuela. Ha supervisado alrededor de 50 estudiantes en proyectos de investigación, y recibido cerca de 5 millones de dólares de la NASA, JPL, NSF, NIH, etc. para apoyo a sus investigaciones.

Sus esfuerzos como tutor no han pasado desapercibidos. La Sociedad Americana de Física (American, Physical Society, APS) en 2007 lo elevó al rango de "Fellow" por, entre otros, su trabajo de reclutamiento de estudiantes en México y Latinoamérica. La Sección de Texas de la APS le otorgó el premio Hyer en 2009 por investigación con un estudiante de licenciatura (Jorge Muñoz). En Anaheim California en 2010 la Sociedad de Ingenieros y Científicos Mexico-Americanos (MAES) le entregó el premio MAEstro Sobresaliente. De igual manera y también en Anaheim en 2011 la Sociedad de Ingenieros Profesionales Hispanos (SHPE) le dio el premio de Educador del año. Por el lado de México, la Academia Mexicana de Ciencias lo admitió con el prestigioso título de Miembro Correspondiente en 2012 en una vistosa ceremonia en el Instituto de Física de la UNAM. En 2014 la División de Física Nuclear de la APS le dio el premio de Tutor del año en Waikoloa, Hawái. También recibió el prestigioso premio Edward A. Bouchet Award de la APS por su trabajo con estudiantes de origen hispano, en Baltimore, MD en 2015. Asimismo se ganó el premio de Mentor del año 2016 del programa CoS-BUILDing, y el Mentor del año 2017 del Colegio de Ciencias, ambos de la UTEP. En 2016 los Regentes de la Universidad de Texas tuvieron a bien darle el máximo reconocimiento que otorgan, el Premio por Enseñanza Sobresaliente, en pomposa ceremonia en Austin, Texas. De igual manera fue admitido a la Academia de Ex Estudiantes Sobresalientes de Texas A&M en 2018 en College Station, Texas. En 2018 recibió el máximo premio que entrega la Casa Blanca, el Premio Presidencial de Excelencia en Tutoría en Ciencia, Matemáticas e Ingeniería, conocido en inglés como "Presidential Award for Excellence in Science, Mathematics, and Engineering Mentoring" (PAESMEM) en elegante ceremonia en el Museo Smithsonian en Washington, D.C. Finalmente la revista científica británica Nature lo eligió como el mentor del año en diciembre del 2018. La lista completa de premios, publicaciones, estudiantes, etc. se puede encontrar en su curriculum vitae en su página académica:

http://wiki.utep.edu/pages/viewpage.action?pageId=39715320

El interés de Jorge Alberto López Gallardo por la escritura no-estrictamente científica se inició en Dinamarca con artículos de contribución al diario español El País, y continuó con columnas publicadas esporádicamente por El Temps (Valencia, España) y por los diarios mexicanos El Universal, La Jornada, Diario de Juárez, El Reto, y otros.

www.ingramcontent.com/pod-product-compliance
Lightning Source LLC
Chambersburg PA
CBHW031424210526
45464CB00005B/2032